大前研一解读
AI 与 FinTech

［日］大前研一　编著

李贺　译

中国科学技术出版社

·北 京·

Original Japanese title: OHMAE KENICHI AI & FINTEC TAIZEN
Copyright © 2020 Kenichi Ohmae
Original Japanese edition published by President Inc.
Simplified Chinese translation rights arranged with President Inc.
through The English Agency (Japan) Ltd. and Shanghai To-Asia Culture Co., Ltd.

北京市版权局著作权合同登记 图字：01-2021-2431。

图书在版编目（CIP）数据

　　大前研一解读 AI 与 FinTech / (日) 大前研一编著；李贺译. —北京：
中国科学技术出版社，2021.11
　　ISBN 978-7-5046-9189-7

　　Ⅰ.①大… Ⅱ.①大… ②李… Ⅲ.①人工智能—研究 ②金融—科学
技术—研究 Ⅳ.① TP18 ② F830

中国版本图书馆 CIP 数据核字（2021）第 187940 号

策划编辑	申永刚　　杨汝娜	责任编辑	申永刚
封面设计	创研设	版式设计	锋尚设计
责任校对	张晓莉	责任印制	李晓霖

出　　版	中国科学技术出版社
发　　行	中国科学技术出版社有限公司发行部
地　　址	北京市海淀区中关村南大街 16 号
邮　　编	100081
发行电话	010-62173865
传　　真	010-62173081
网　　址	http://www.cspbooks.com.cn

开　　本	880mm×1230mm　1/32
字　　数	155 千字
印　　张	8.5
版　　次	2021 年 11 月第 1 版
印　　次	2021 年 11 月第 1 次印刷
印　　刷	北京盛通印刷股份有限公司
书　　号	ISBN 978-7-5046-9189-7/TP·429
定　　价	69.00 元

前　言

正如我们在始于18世纪60年代的工业革命和20世纪60年代的信息技术革命中所看到的那样，新技术的产生使人类的生活方式和商业模式发生了翻天覆地的变化，甚至重塑了人类的历史。

如今，一场新技术革命正在兴起。这场革命是由人工智能（AI）和金融科技（FinTech）引领的。本书中将就AI和FinTech两个领域进行说明。

信息技术革命已经给社会带来了巨大影响和冲击，由AI和FinTech引领的新技术革命产生的影响远超信息技术革命。日本并没在AI和FinTech领域走在世界的前列，这是一个不争的事实。悲观一点来说，日本甚至可以称得上是这两个领域的"落后国"。

本书将为各位读者讲述AI和FinTech这两个领域的具体情况，同时，本书就"今后该采取何种措施应对新技术革命"为大家提供一些启示。

目　录

AI 篇

FinTech 篇

第五章　　FinTech 第一线 / 大前研一

AI 篇

计算机正在朝着人工智能先行（AI First）的方向发展。

——谷歌首席执行官　桑达尔·皮查伊（Sundar Pichai）

AI是可以与互联网相匹敌的新一代"宇宙大爆炸"。

——微软首席执行官　萨提亚·纳德拉（Satya Nadella）

只把目光放在日本的话，我们或许不能很好地理解上面两句话的含义。从世界范围来看，商业竞争的主线已经从苹果手机等移动设备逐渐转变为AI这种新技术。各行业利用AI转型升级，以往的商业版图发生了巨大的变化。

汽车行业就有很典型的案例。谷歌、苹果、特斯拉等拥有AI技术的信息技术公司进军汽车行业，以至于通用汽车公司和福特汽车公司等汽车帝国瞬间土崩瓦解。

今后在其他领域可能也会发生上述事件。在AI转型中落后的公司不得不变身为"AI产业的雇工"，并受制于其他在AI领域领先的公司。为了避免成为落后的公司，各公司要明确自身应该在哪个领域继续奋战下去，同时要积极加快自身的AI转型。本书将具体介绍相关的观点与方法论，供各位读者参考。

此外，以往人类从事的大部分工作可能会被AI替代。不仅是体力劳动类工作，创意类工作也可能会被AI替代。换句话说，今后AI可能会在各个领域和人类"抢饭碗"。

但是，我们也要知道不是所有工作都能被AI替代的。AI有其擅长和不擅长的领域，AI的出现与发展也会催生出新的职业。关键是我们要了解清楚人类及AI擅长的领域，并且人类要与AI合理分工。关于这一方面的内容，各位读者可以参考本书中提到的具体案例。

如果公司不能灵活运用AI的话，那么AI对于公司来说就是一种威胁。反之，如果公司能够最大限度地利用AI，AI就会成为公司前所未有的强大武器。

2020年3月

大前研一

第一章

AI 冲击力

大前研一

人类与AI共存的时代

随着计算机技术的发展，计算能力实现了飞跃式提升。近年来，人们对AI的关注度远超以往。

前些年，"移动"是公司竞争的焦点，而现在公司竞争的焦点正在向AI转变。这一转变进程在逐渐加速，AI的发展跨越了国境和行业，在AI领域领先的企业包括美国的科技五巨头：苹果、谷歌、亚马逊、脸谱网、微软，还有中国的百度、阿里巴巴、腾讯。中国在AI领域领跑世界的主要原因是中国的大量公司重视新兴技术基础研究。

现在，"AI在和人类抢工作"这一话题受到了人们的关注。但是，人们更应该注意的是"随着AI发展而不断出现的新职业和新服务"。AI绝对不是万能的，它也有不擅长的领域。我们只有理解了上述观点，今后才能更好地思考"如何与AI共存"。

反观日本现状，日本在AI领域的发展较为落后，不可否认的是日本正逐渐沦为"AI产业的雇工"。大多数日本公司正在遭受数字技术带来的破坏性创新（Digital Disruption）的威胁。如果日本不赶快思考要在哪个领域发展，不去加快自身AI转型进程的话，将会在AI领域更为落后。

第3次AI浪潮

回顾历史，AI曾先后几次成为人们关注的焦点，如图1-1所示。

1956年，在美国达特茅斯学院，"AI"这一概念被首次提出。20世纪60年代，通用计算机开始普及，出现了历史上第

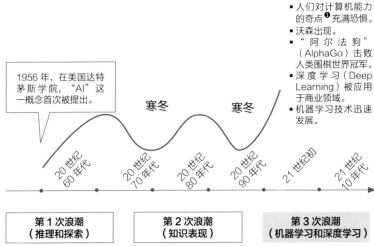

- 人们对计算机能力的奇点❶充满恐惧。
- 沃森出现。
- "阿尔法狗"（AlphaGo）击败人类围棋世界冠军。
- 深度学习（Deep Learning）被应用于商业领域。
- 机器学习技术迅速发展。

1956年，在美国达特茅斯学院，"AI"这一概念首次被提出。

寒冬　寒冬

20世纪60年代　20世纪70年代　20世纪80年代　20世纪90年代　21世纪初　21世纪10年代

第1次浪潮 （推理和探索）	第2次浪潮 （知识表现）	第3次浪潮 （机器学习和深度学习）
通用计算机开始普及，这一时代计算机的特征是可以通过推理和探索来解决问题。	"在计算机中输入数据，数据就会被计算机转化为知识，计算机就会变得聪明。"计算机系统开始变得具有实用性。	互联网、大数据、机器学习等技术爆炸式发展，深度学习横空出世，并实现技术的商用化应用。

图1-1　AI热潮的推移

---

❶ 奇点：无穷大的点。——译者注

1次AI浪潮。这一时代计算机的主要特征是可以通过推理和探索来解决特定问题。在人们知道了"AI无法超越人类的能力"后，第1次AI浪潮瞬间退去。

20世纪80年代，"在计算机中输入数据，数据就会被计算机转化为知识。因此，计算机会变得聪明"这一观点出现。计算机系统开始变得具有实用性。这时，第2次AI浪潮出现，但是这次浪潮也没对社会产生太大影响。

到了21世纪，互联网、大数据、机器学习等技术迅速发展。深度学习（计算机进行自主学习）被用于商业领域，人们迎来了第3次AI浪潮，而这次浪潮一直持续至今。

有一种观点是：到2045年，计算机的能力会超越人类，达到奇点。

2015年，全球AI市场规模为300亿美元。到了2020年，全球AI市场规模达到2000亿美元。预计到2030年全球AI市场规模会达到7800亿美元，如图1-2a所示。2016年，AI相关风险投资公司的资金筹集数额为50.2亿美元，如图1-2b所示，今后很有可能一家AI相关公司的融资额就能超过百亿美元。

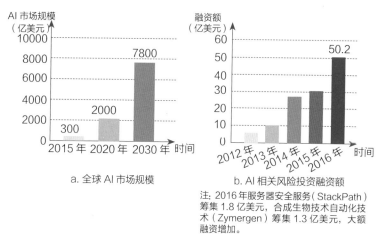

a. 全球 AI 市场规模

b. AI 相关风险投资融资额

注：2016 年服务器安全服务（StackPath）
筹集 1.8 亿美元，合成生物技术自动化技术（Zymergen）筹集 1.3 亿美元，大额
融资增加。

图 1-2　世界 AI 市场规模扩大与 AI 风投资金筹集数额

从移动时代向AI时代迈进

在AI时代之前，计算机软件、互联网、移动设备等成为各个公司竞争的焦点（见图1-3a）。在移动时代，日本都科摩公司❶（NTT DOCOMO）的移动互联网服务（iMode）成为日本公司中的领军者。此后，美国苹果公司推出苹果手机，并很快攻占日本市场。

大型信息技术公司的领导们对于AI做出了如图1-3b中所示

❶ 都科摩公司：日本最大移动通信运营商。——译者注

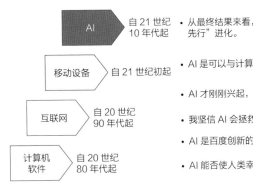

a. 从移动时代向 AI 时代转型　　b. 大型信息技术公司的领导们对 AI 的评价

图 1-3　向 AI 时代迈进

的评价，他们预测AI会给世界带来巨大的冲击。

AI给公司经营带来的冲击可总结为以下3点。

1. 产业秩序发生巨变

以AI为武器的新兴公司将迅速抬头，无法招架的现有公司
会明显衰退。此时，原有的公司业务收益规模和公司排序都将
失去意义。汽车行业就有典型案例。此前，未涉足汽车行业的
谷歌旗下的Waymo❶与特斯拉依靠自动驾驶技术在汽车行业处
于领先地位。而在这之前，通用汽车公司和福特汽车公司是

---

❶ Waymo：一家研发自动驾驶汽车的公司。——译者注

汽车行业的翘楚，如果这两家公司不在AI领域进行研发的话，很有可能被GAFA（谷歌、亚马逊、脸谱网、苹果4家公司）收购，通用汽车公司和福特汽车公司将仅从事汽车生产制造业务。

2. 机器与人类的逆转

具备判断能力的AI的出现会使以往人类从事的、具有固定模式的工作被AI取代。日本大部分公司没有实现机械化，今后可能会受到AI更大的影响。

1985年，《广场协议》❶签署后，日元大幅升值，原本依靠出口赢利的日本公司都将生产工厂转移到亚洲其他国家和美洲，与此同时，日本公司积极推进机械化来削减生产成本。但是，日本公司的经营者没有对其白领员工进行裁员，这就导致工作效率很低的白领员工都留在了日本国内。

日本白领员工的工作模式与欧美的不同。欧美公司有十分明确的标准作业流程（SOP）。而日本公司却没有，日本白领员工的工作环境更加以人为中心。同时，日本公司的固定业务与非固定业务交织错杂，很多工作是上级领导零散分派给白领

---

❶《广场协议》：日本、美国、联邦德国、法国及英国签订协议，达成五国政府联合干预外汇市场，诱导美元兑主要货币的汇率有秩序地贬值。——译者注

员工的，根本不需要员工有什么专业技能。所以，很多日本公司的白领员工到30岁甚至到40岁都无法当上管理者，这样的员工将会是第一批被AI替代的人。然而，日本雇佣关系的稳定性又是世界最高的，日本公司不能随便解雇员工。这也成了日本公司很难导入AI的一个原因。

3. 颠覆公司传统用工模式

无论如何，AI前进的脚步不能停下。各个公司要重新审视其用工模式，不然的话，就无法顺利导入AI。公司经营者想要探寻导入AI的方法，最好是去制造业和流通业的前线寻找答案。

而有很多公司的经营者视AI为洪水猛兽，对其敬而远之，那这样的公司只能沦为AI产业的"小雇工"了。

AI擅长与不擅长的领域

我们将AI定义为以机器的形式对人类智能进行模拟。具体来说，AI涉及的主要技术包括语音识别、图像识别、数据挖掘、神经网络等，如图1-4所示。

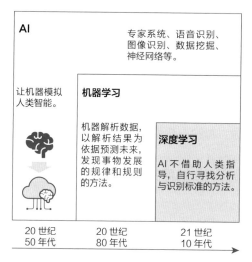

图 1-4　AI 的定义

20世纪80年代诞生的机器学习是指机器对数据进行解析，并以解析结果为依据对未来进行预测，发现数据的内在规律和规则的技术。

最近，备受人们关注的深度学习是指AI不借助人类指导，自行学习样本数据内在规律和表示层次的技术。深度学习的最终目标是让机器可以像人一样具有分析学习的能力。

深度学习使图像识别的精确度大幅提升，因此，AI的发展有了突破性进展，其中受益最大的领域便是自动驾驶领域，如图1-5所示。在这一领域掌握核心技术的公司是美国公司英伟

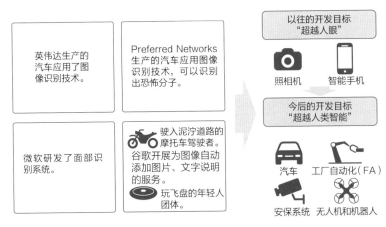

图 1-5　图像识别技术的主要研究成果与应用实例

达❶（NVIDIA）和以色列公司无比视❷（Mobileye），以及日本公司
Preferred Networks❸。

　　微软也在深耕AI图像识别领域。微软研发的面部识别系统
可以识别出对外表做了伪装的恐怖分子。当图像识别技术达到
了可以应用的水平时，SECOM❹和ALSOK❺的安保系统就会变得

❶ 英伟达：一家AI计算公司，该公司创立于1993年，总部位于美国加利福尼亚州圣克拉拉
市。——译者注
❷ 无比视：以色列一家生产视觉系统的公司，该视觉系统协助驾驶员在驾驶过程中保障乘
客安全和减少交通事故。——译者注
❸ Preferred Networks：日本的一家人工智能初创公司。——译者注
❹ SECOM：一家提供安保服务的公司。——译者注
❺ ALSOK：一家提供安保服务的公司。——译者注

一无是处。

此外，谷歌已经开始开展利用AI识别图像并为识别的图像自动添加图片、文字说明的服务。

"输入信息后，AI会在思考后输出结果"，这一机制适用于各个行业（见图1-6）。对汽车行业来说，向AI输入的信息是行驶中车辆周围的图像以及驾驶员的驾驶技巧，AI输出结果为自动驾驶。对医疗行业来说，向AI输入的信息是人体扫描图像和病历信息，AI输出结果为癌症诊断信息。对制造行业来说，向AI输入的信息是生产计划和零件信息，AI输出结果为无人工厂。

AI还可以应用于金融领域。现阶段备受关注的是AI提出投资建议的技术，向智能投顾（ROBO-Advisor）输入股票信息和经济统计数据，智能投顾便会对数据进行解析，输出可以让投资者获得高收益的投资建议。

AI擅长的领域为以下3个方面。

①AI擅长识别，包括辨别信息、理解声音及图像、检测异常等。

②AI擅长预测，包括预测数值、预测需求与意图等。

③AI擅长执行，包括生成表达、设计、最优行动、操作自动化等。

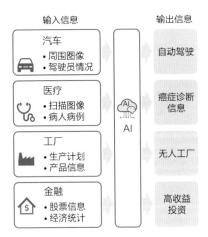

图 1-6　AI 在各行业的应用

同时，AI也有不擅长的领域，比如无法识别人类的不愉快情绪；当输入的实例过少时，AI无法应对突发情况；不会提出问题；无法设计框架；没有灵感；无法做出常识性判断；缺乏领导能力等。

在大家了解以上内容之后，我们应该明白，人类与AI可以相互补充，以便更好地推动社会发展。从短期来看，AI将优先应用于医疗和金融行业；从中长期来看，AI将会给自动驾驶、智能工厂、自动配送、自动翻译、智能栅极❶等领域带来巨大

---

❶ 栅极：由金属细丝组成的筛网状或螺旋状电极。——译者注

影响，如图1-7所示。

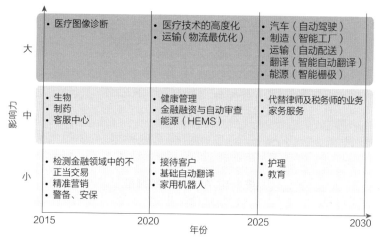

图 1-7 AI 的应用

GAFA、微软、IBM的AI应用实例

我们来对比一下2007年与2017年的全球公司市值排名前10名的公司。对比发现，这10年间，信息技术公司正飞速发展（见图1-8）。在2007年，市值排名前10名的公司之中只有微软一家信息技术公司，而在10年后的2017年，市值排名前10名的公司中有7家是信息技术公司，这7家信息技术公司中有5家美国公司，2家中国公司。从这个数据中我们可以看

出，在信息技术领域，中美两国已经领先世界其他国家了。

在2007年的全球市值排名前10名中，有2家中国公司位列前10，包括中国石油天然气公司和中国工商银行，这2家公司均为国有企业。在2017年的全球公司市值排名中，进入前10名的2家中国公司为阿里巴巴和腾讯。

再来看全球公司市值排名前10名中的日本公司，在2007年的排名中，丰田汽车公司上榜。在2017年的排名中，日本公司无缘前10名。2017年，丰田汽车公司市值约为1844亿美元，仅为排名第10名的美国公司埃克森美孚❶（Exxon Mobil Corporation）市值（3540亿美元）的一半左右。

谷歌推出了对话式AI"谷歌智能助理"。人类只需口头下达指令，谷歌智能助理就能够根据人类的指令控制智能手机和家电产品。可以安装谷歌智能助理的电子设备有榨汁机、安卓手机、谷歌智能家居设备、汽车、电视等。谷歌智能助理在汽车行业的应用尤为成功，人们通过谷歌智能助理控制自动驾驶的汽车在世界各地行驶，目前还未发生一次事故。

---

❶ 埃克森美孚：世界最大的非政府石油天然气生产商，总部设在美国得克萨斯州爱文市。——译者注

排名	2007 年 5 月末	单位（10 亿美元）
1	Exxon Mobil Corporation（美国）	468.5
2	通用电气公司（美国）	386.5
3	微软（美国）	293.6
4	花旗集团（美国）	269.5
5	中国石油天然气集团（中国）	261.8
6	美国电话电报公司❶（美国）	254.8
7	荷兰皇家壳牌集团❷（英国、荷兰）	240.8
8	美国银行（美国）	225.0
9	中国工商银行（中国）	223.3
10	丰田汽车公司（日本）	216.3

排名	2017 年 10 月末	单位（10 亿美元）
1	苹果公司（美国）	873.1
2	字母表公司❸（美国）	712.0
3	微软（美国）	641.7
4	亚马逊（美国）	532.6
5	脸谱网（美国）	522.9
6	阿里巴巴（中国）	467.7
7	伯克希尔·哈撒韦公司❹（美国）	461.2
8	腾讯（中国）	421.6
9	强生公司（美国）	374.2
10	埃克森美孚公司（美国）	354.0

注：2007 年日本国内市值前三的公司：1. 丰田汽车公司，2163 亿美元；2. 三菱东京日联银行，1279 亿美元；3. 日本瑞穗金融集团，841 亿美元。
2017 年日本国内市值前三的公司：1. 丰田汽车公司，1844 亿美元；2. 日本电话电报公司，1023 亿美元；3. 软件银行，985 亿美元。

图 1-8 世界市值前 10 名企业变化（2007—2017 年）

---

❶ 美国电话电报公司：原名AT&T，是一家美国电信公司，成立于1877年。——译者注
❷ 荷兰皇家壳牌集团：世界第一大石油公司。总部位于荷兰和英国。——译者注
❸ 字母表公司：原名Alphabet，谷歌旗下公司。——译者注
❹ 伯克希尔·哈撒韦公司：1956年，由沃伦·巴菲特创建的公司。——译者注

2014年，谷歌收购DeepMind❶公司，这家公司因其开发的"阿尔法狗"在围棋领域战胜世界冠军李世石而声名大振。

此外，谷歌还在开发自动机器学习（Auto Machine Learning），即AI自动生成AI的技术。

最近，谷歌也开始进行对AI创新企业的风险投资。被誉为"开展深度学习研究的第一人"的杰弗里·辛顿（Geoffrey Hinton）教授在2013年加入谷歌。

微软想要利用AI改变自己在移动时代的落后状态，正在开发以"AI民主化"为中心的AI服务，如图1-9所示。

微软在AI方面的主要成就有：语音型个人智能助手小娜（Cortana）、讯佳普（Skype）翻译、微软翻译、女高中生AI琳娜（Linna）等。沈向洋❷领导的微软人工智能与研究事业部（Microsoft AI and Research Group）由约5000名AI专家组成，他们将AI定位为对任何人都有价值的技术，并用AI解决各类社会问题。

亚马逊则依靠智能音箱Echo❸和语音助手Alexa来打造智能

---

❶ DeepMind：总部位于英国伦敦，是由AI程序师兼神经科学家戴密斯·哈萨比斯（Demis Hassabis）等人联合创立的前沿的AI公司，其将机器学习和系统神经科学的最先进技术结合起来，建立了强大的通用学习算法。——译者注
❷ 沈向洋：计算机视觉和图形学专家。——译者注
❸ Echo：亚马逊于2014年推出的一款全新概念的智能音箱。——译者注

小娜	讯佳普翻译	微软翻译
• 语音型个人智能助手。 • 可以应用于安卓系统、苹果系统上的软件。 • 应对小娜的软件开发成为可能。	• 可实时翻译，支持50余种语言的翻译。 • 可应用9国语言进行实时语音通话。	• 可在智能手机、平板电脑进行声音、文本翻译。 • 面向公司的应用程序接口（API）。 使用应用程序接口，开发面向公司的服务。

女高中生 AI 琳娜	微软的 AI 服务	微软人工智能与研究事业部
• 安装基于数据模拟女高中生回复的对话引擎——连我❶软件（LINE）。 • WEGO❷使用琳娜的时尚建议服务。	• 通过微软云服务❸（Azure）提供AI服务。 • 通过云端提供机器学习分析机制。	• 5000人以上的AI专家团队。 • 将 AI 定位为对任何人都有价值的技术，并用 AI 解决各类社会问题。

图 1-9　微软在 AI 方面的成就

家庭港湾。亚马逊也提供AI相关服务，其中之一就是"亚马逊Go"。亚马逊Go是使用云端AI服务将AI与各种传感器及深度学习尖端技术相结合的无人超市。此外，亚马逊也在强化物流机器人服务（见图1-10）。

苹果和脸谱网也在致力于AI的产品开发，并成立AI研究所。但是，与谷歌、微软、亚马逊相比，苹果公司和脸谱网在

❶ 连我：风靡日本、泰国及中国台湾的一款社交软件。——译者注
❷ WEGO：中国的高科技公司。——译者注
❸ 微软云服务：微软基于云计算的操作系统。——译者注

亚马逊语音助手 AI　　　　亚马逊的 AI 相关服务　　　　亚马逊物流机器人

语音助手 Alexa 与各种家电连接。 例如：语音购物。 ＋ Echo Show❶ Echo	云端 AI 服务 亚马逊 AI （亚马逊网络服务） 亚马逊 Go • 2016 年末，亚马逊面向公司内部员工开设无人收银超市。 • 云端 AI 服务将 AI 与各种传感器及深度学习的尖端技术相结合。	亚马逊机器人配送 无人机配送 Prime Air❷ • 亚马逊发现好的技术和公司就进行收购，以强化自身的服务。 • 2012 年，亚马逊以 7.75 亿美元的价格收购自动机器人制造商 Kiva Systems。 亚马逊钥匙（Amazon Key）用安装有智能锁和亚马逊云端摄像机（Cloud Cam）的运输设备将快递包裹安全送到客户家中。

图 1-10　亚马逊在 AI 领域的成就

AI领域的发展仍稍稍落后，如图1-11所示。

苹果公司的AI产品中的人工智能语音识别软件（Siri）能够使用人类语言回答用户的提问。将安装了有人工智能语音识别软件的苹果智能音响（HomePod）与苹果音乐连接，能够实现推送歌曲、发送消息、管理家用电器等功能。

脸谱网招聘纽约大学的杨立昆❸（Yann LeCun）为AI研究所的核心成员，脸谱网在硅谷、纽约、巴黎都设立了AI研究所。

---

❶ Echo Show：亚马逊研发的语言助手小工具。——译者注
❷ Prine Air：新型交付无人机。——译者注
❸ 杨立昆：纽约大学终身教授，脸谱网首席AI科学家。——译者注

苹果的语音对话 AI

Siri
- 安装在苹果手机操作系统和苹果电脑操作系统的 AI 助手软件。
- 利用语音识别、自然语言处理技术回答问题。

苹果智能音响
- 安装了语音 AI 助手 Siri。
- 与苹果音乐连接，能够实现推送歌曲、发送消息、管理家用电器等功能。
- 与其他公司的音响相比，苹果智能音响有更好的音质。

脸谱网在 AI 方面的成就

设立人工智能研究所
- 脸谱网在硅谷、纽约、巴黎设置 AI 研究所。
- 脸谱网招聘纽约大学的杨立昆为研究所的核心成员。
- 脸谱网设立 AI 研究项目。
- 脸谱网设立机器学习应用部门。

脸谱网研究将拍摄照片和视频进行实时艺术加工处理的技术。

脸谱网研究新型图像识别技术。
- 使用智能手机拍摄菜品时，屏幕上自动显示出食材的卡路里数量。
- 使用智能手机拍摄热门商品时，自动显示商品名称，并显示"立刻购买"的下单按键。

图 1-11 苹果、脸谱网在 AI 方面的成就

　　IBM开发的"沃森平台"采用了自然语言处理和机器学习技术，是可以分析大量非结构化数据[1]的科技平台（见图1-12）。客户可以使用"沃森平台"提供的语言、声音分析服务，将AI导入客户自己的公司。

---

[1] 非结构化数据：数据结构不规则或不完整的数据。——译者注

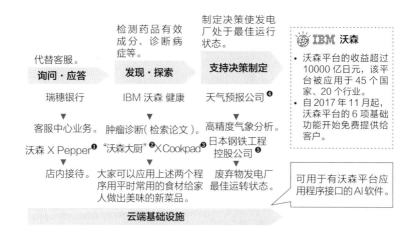

图 1-12　IBM 沃森的应用

AI半导体的应用现状

当今世界，应用于自动驾驶汽车中的AI半导体也是一个备受瞩目的领域。各个半导体制造商，或是内部合纵连横，或是寻求与汽车公司合作。

英伟达公司在图像处理器（GPU）领域具有压倒性优势。

---

❶ Pepper：是一款人形机器人，由日本软银集团和法国Aldebaran Robotics研发，可综合考虑周围环境，并积极主动地作出反应。——译者注

❷ 沃森大厨：计算机程序，帮助厨师发现创作食谱。——译者注

❸ Cookpad：移动应用程序，家庭美食交流中心。——译者注

❹ 天气预报公司：原名The Weather Company，2015年被IBM收购。——译者注

❺ 日本钢铁工程控股公司：原名JFE Enginering，世界大型钢铁公司。——译者注

英伟达的主要合作伙伴有丰田、奥迪、戴姆勒、特斯拉、福特、罗伯特博世、大众这些汽车公司。

英特尔（Intel）在移动设备领域较为落后，为了改善这一局面，它与阿尔特拉公司❶（Altera）、尼瓦那公司❷（Nervana）、无比视公司等签署巨额收购协议，并与宝马公司进行合作。其中，被英特尔收购的无比视公司与通用汽车公司、日产、大众都有合作关系。

高通公司❸（Qualcomm）收购了荷兰的飞思卡尔公司（NXP Semiconductors N.V.），被收购的飞思卡尔公司在车载半导体领域占据了世界主要市场，高通公司以此为基础进军车载半导体领域。但是，在车载半导体领域，目前主要的汽车公司大体上分为两大阵营，一个是英伟达阵营，另一个是英特尔阵营。所以，如果其他公司想在这个行业生存下去的话，需要面对严峻的现实。

在2017年7月的一次采访中，英伟达的亚太地区销售与营销副总裁雷蒙德·泰（Raymond Teh）针对AI行业和英伟达公司的相关问题做出以下几点回复。

---

❶ 阿尔特拉公司：在世界范围内提供可编程解决方案。——译者注
❷ 尼瓦那公司：2020年2月，英特尔宣布砍掉尼瓦那系列神经网络处理器产品，该公司以深度学习为其擅长领域。——译者注
❸ 高通公司：全球领先的无线科技创新公司。——译者注

（1）英伟达主导AI市场。

（2）谷歌、苹果、亚马逊、研究AI的学者、计划引进AI的政府等各种公司和组织都与英伟达建立了合作关系。

（3）AI浪潮在亚太地区比在欧美地区还要迅猛。

（4）在尖端技术领域，以往的情况是北美地区较为发达，亚太地区追赶北美的发展脚步。但是，现在的情况是北美地区更加关注亚太地区的技术发展方向和相关论文的研究成果。

（5）在英伟达的销售额中，以往日本等亚太地区国家占比仅为20%，但是，现在亚太地区国家占比已经超过了50%。

（6）我们可以预测到亚洲的公司将带动AI的发展，亚洲的公司会将公司的发展重心集中在自动驾驶和智能家居领域。

（7）在此背景下，今后图像处理器的市场需求将会急剧增长。

中国、韩国的AI转型

中国政府大力支持AI的研究与开发。中国的AI公司在政府的优待政策扶持下（见图1-13），积极对AI技术的开发与研究进行投资（见表1-1）。

2017 年 7 月，中国政府发布《新一代人工智能发展规划》，将 AI 发展项目定位为国家级战略，将 AI 产业视作未来 10 年拉动中国经济增长的"核心动力"。中国政府为各地方的 AI 创业公司提供各种政策优待，并提供财政支持。

该规划分三步走：

第一步

2020 年，中国政府计划培育若干全球领先的 AI 骨干公司，AI 核心产业规模超过 1500 亿元，AI 相关产业规模超过 10000 亿元。

第二步

中国政府计划到 2025 年建立人工智能法律法规、伦理规范和政策体系。

第三步

中国政府表示到 2030 年争取让中国的 AI 理论、技术与应用总体达到世界领先水平，成为世界主要 AI 创新中心，AI 核心产业规模超过 10000 亿元，相关产业规模超过 100000 万亿元。

图 1-13　中国政府支持 AI 发展项目

表 1-1　中国科技公司在 AI 领域的主要成就

公司	主要成就
百度	• 百度发布了名为"阿波罗"（Apollo）的面向汽车行业及自动驾驶领域的软件平台，该软件平台由其合作伙伴提供 • 在过去两年间，百度在 AI 领域的投资额接近 200 亿元（2017 年） • 百度拥有超过 10000 人的 AI 工程师（2021 年 3 月）
腾讯	• 腾讯聚焦"内容 AI""社交 AI"和"游戏 AI"招纳 50 余位世界顶级科学家、研究员和专家，成立"腾讯 AI 实验室" • 腾讯开发的围棋 AI 程序"绝艺"在 2017 年 3 月战胜了日本新锐棋手一力辽，并在世界人工智能围棋大赛上获胜
华为	• 2017 年 9 月，华为发售世界首款安装有 AI 芯片"麒麟 970"的智能手机

　　中国信息技术公司积极发展AI产业和机器人产业（见表1-2），在AI专利申请数量上远远超过日本，如图1-14所示。

　　中国的优势在于，中国拥有14亿人口，每天会产生大量的网络数据，数据越多，AI的学习效率越高。百度首席执行官李彦宏曾自豪地表示："我们百度拥有数十亿条检索数据和100亿个定位信息。"

　　在AI转型方面，不可否认的是韩国的发展较为落后。

　　2017年，韩国三星电子发布AI语音助手"Bixby"，并将其

表 1-2　从事 AI 产业和机器人产业的中国公司

领域	企业名称	产业内容
AI	百度	自动驾驶汽车、AI 秘书、自动翻译
	阿里巴巴	在电子商务和云端数据分析领域应用 AI 技术
	腾讯	智能闲聊平台、AI 分析师、AI 记者
机器人	美的	• 通过并购与合作参与机器人产业 • 2016 年 8 月，收购德国机器人制造商库卡（KUKA）
	海尔	• 致力于服务型机器人的研发 • 在美国家电展销会（CE2016）上发布自主研发的家用机器人
	长虹	• 工业机器人和服务型机器人双管齐下 • 2016 年 7 月，发布 AI 电视 • 2016 年 8 月，与阿西布朗勃法瑞集团❶（ABB）合作成立机器人应用实验室

图 1-14　AI 专利申请数量

安装在 Galaxy S8 系列手机上。三星电子计划今后将"Bixby"安装在其生产的所有设备中，如图 1-15 所示。

　　LG 电子的智能家居平台推出可使用语音操作的机器人管家"LG Hub Robot"。另外，LG 电子今后还会和谷歌的人工智能音响"谷歌 Home"合作开始发售智能家电。

　　2015 年，现代汽车公司在汽车产品中安装车载服务"Car Life"❷，以此为契机与中国信息技术公司百度确立合作关系。今后，现代汽车公司将继续强化与百度在自动驾驶、智能家庭和语音识别服务等领域的合作。

---

❶　阿西布朗勃法瑞集团：电力和自动化技术领域的领导厂商。——译者注
❷　Car Life：2015 年 1 月 27 日百度"车联天下 智慧有度"战略发布会上推出的车联网解决方案。Car Life 是中国首个跨平台车联网解决方案，全球范围内兼容性最强大的车联网之一。——译者注

三星电子	LG 电子	现代汽车公司
• 三星电子的智能手机的销售停滞不前。三星电子加速收购 AI 等软件公司。 • 在智能手机等设备中安装 AI 系统。 • 2017 年，三星电子发布 AI 语音助手"Bixby"，并将"Bixby"安装在 Galaxy S8 系列手机中，且计划今后将"Bixby"安装在所有设备中。	• LG 电子智能家居平台推出可使用语音操作的 LG 机器人管家。 • LG 电子和谷歌的 AI 音响"谷歌 Home"合作开始发售智能家电。	• 2015 年，现代汽车公司在汽车产品中安装车载服务"Car Life"，以此为契机与中国信息技术企业百度确立合作关系。 • 现代汽车公司与百度开发出通信型车载导航"百度 Map Auto"❶、对话型语音识别服务"DUER OS AUTO"❷等车载服务技术。 • 今后，现代汽车公司将继续强化与百度公司在自动驾驶、智能家居和语音识别服务等领域的合作。

图 1-15　韩国公司在 AI 领域的相关成就

AI给产业和生活带来了巨大影响

　　AI给产业和人们的日常生活带来了巨大影响。如图1-16所示，AI给市场、生产、机器人、物流、农林牧渔、交通运输、气象、电力、安保、金融、教育、医疗、通信、设计等带来了变化。此外，俄罗斯在军事领域的AI应用方面发展迅速。

---

❶ 百度Map Auto：通过集成专为驾驶场景设计的百度Map Auto，让用户在享受丰富内容服务的同时，还可以保持车内外的一致性导航体验。——译者注
❷ DUER OS AUTO：百度度秘事业部研发的对话式AI操作系统，拥有10大类目的250多项技能。搭载DUER OS AUTO的设备能够听清、听懂并满足用户。——译者注

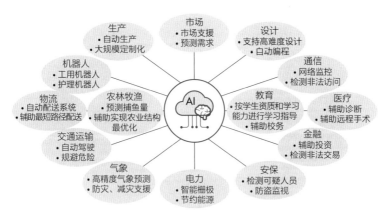

图 1-16 逐渐扩大的 AI 应用领域

自动驾驶汽车的核心技术是深度学习技术。AI领域的领军公司都加速了与老牌汽车公司合作的进程（见图1-17）。

在自动驾驶领域中，现阶段较为领先的公司已经开始销售安装了自动驾驶系统的汽车（见表1-3）。丰田、日产、梅德赛斯-奔驰、奥迪、特斯拉、优步（Uber）、谷歌等公司也已经进入自动驾驶领域。谷歌的无比视公司进行了大量的自动驾驶行驶实验，相对于其他公司具有压倒性优势。

在表1-3中没有提到，2020年沃尔沃已在中国发售自动驾驶汽车。

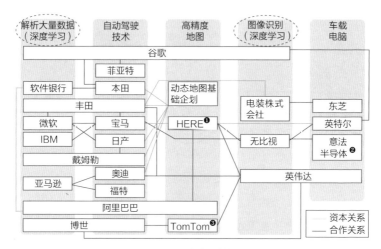

图1-17　AI各个领域的公司

表1-3　自动驾驶技术的主要应用实例

汽车公司	自动驾驶技术成果
丰田	2017年10月，丰田在日本东京车展上发布雷克萨斯概念车，将在自动驾驶汽车上安装第四阶段以上的操作系统
日产	2016年8月，日产在发售的Serena❹上搭载同车道自动驾驶技术
梅赛德斯-奔驰	2016年7月，奔驰发售的E系列可以通过保持车道、半自动停车和转向等技术来实现变更车道

❶ HERE：软件公司。——译者注

❷ 意法半导体：原名STMicro electronics，全球最大半导体公司之一。——译者注

❸ TomTom：一家主营业务为地图、导航和GPS设备的荷兰公司，总部位于阿姆斯特丹。——译者注

❹ Serena：日产旗下中型多用途汽车。——译者注

续表

汽车公司	自动驾驶技术成果
奥迪	奥迪 A8 中安装第三阶段自动驾驶系统
特斯拉	特斯拉旗下车型 Model SP100D 将通过软件更新来应对自动驾驶的全面发展
优步	优步在亚利桑那州开始自动驾驶汽车的试运营业务
谷歌	旗下的 Waymo 推进自动驾驶汽车的开发进程
Peloton Technology❶	开发卡车列队行驶系统（自动化程度为等级 1）

　　打车软件也将应用AI来实现预测需求和选择最优路线功能（见表1–4）。美国的优步和来福车为掌握网约车市场的主导权进行了激烈的较量。

表 1–4　打车服务领域的 AI 应用案例

公司名	国家和地区	AI 导入案例
优步	美国加利福尼亚	• 2014 年，优步开始推出应用了 AI 技术的拼车服务，在客户输入所在地和目的地后，只要 10 秒左右的时间便可与司机匹配，并计算出最优路径 • 收购 Geometric Intelligence❷ 公司，成立优步 AI 实验室 • 在加拿大多伦多成立优步 AI 先进技术团队，由多伦多大学机器学习专家拉奎尔·乌尔塔松（Raquel Urtasun）担任团队领导

❶ Peloton Technology：一家交通领域的服务公司。——译者注
❷ Geometric Intelligence：一家AI创业公司。

续表

公司名	国家和地区	AI 导入案例
来福车	美国加利福尼亚	• 来福车与自动驾驶创业公司"Drive.ai"共同发布在旧金山开展自动驾驶打车服务
滴滴出行	中国北京	• 滴滴出行通过安装在手机上的驾驶行为感控软件开发工具包来检测超速驾驶、疲劳驾驶、急刹车等问题 • 滴滴出行对安全驾驶的司机进行测评,优先对得分较高的乘客进行匹配 • 滴滴出行每天可以通过 AI 处理 2000 万件行驶信息
日本交通 (Japan Taxi)	日本东京	• 日本交通使用 AI 通知驾驶员上客率较高的地点,旨在让 AI 系统大规模应用
纵游公司	日本东京	• 纵游公司在横滨市的特定地区进行 AI 打车软件测试,向驾驶员实时提供打车需求信息
ZERO TO ONE❶	日本横滨	• ZERO TO ONE 在 2017 年提供拼车者推荐服务。使用 AI 根据用户在社交平台上发布的个人兴趣、性格等寻找最合适的拼车伙伴

2016年,优步从中国网约车市场撤出,现在中国的网约车市场中滴滴出行的市场占有率位居前列。同时,滴滴出行也与日本北九州的第一交通产业❷确立了合作关系。

在日本,出租车以交通线路为基础,提供42000台出租车供打车软件使用。纵游公司也在横滨市的特定地区进行打车软件"takuberu"的测试。主营业务为汽车二手零部件

❶ ZERO TO ONE: Croooober股份公司的AI技术部门。——译者注
❷ 第一交通产业: 日本出租车运营商。——译者注

流通的ZERO TO ONE也在使用AI调配驾驶员和匹配拼车伙伴等，ZERO TO ONE在其他公司还未涉足的领域开始了自己的探索。

发那科[1]（FANUC）也开发出服务平台"FIELD system"，能实现数控机床、机器人、周边设备以及传感器的连接，并可以提供先进的数据分析技术（见图1-18）。发那科利用深度学习技

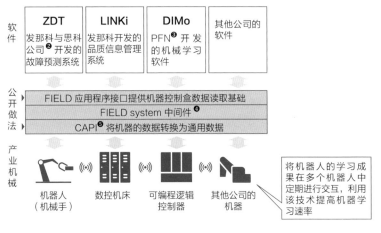

图 1-18　FIELD System 服务平台

---

❶ 发那科：创建于1956年的日本，是当今世界上数控系统科研、设计、制造、销售实力强大的公司。——译者注

❷ 思科公司：原名Cisuo Systems，是全球领先的网络解决方案供应商。——译者注

❸ PFN：日本一家AI公司。——译者注

❹ 中间件：是介于应用系统和系统软件之间的一类软件。——译者注

❺ CAPI：计算机辅助面访，是一种借助计算机和电话等终端进行调查的方式。——译者注

术收集、分析发动机数据，及早检测出汽车发动机故障，应用深度学习技术可以在发动机出现故障前更换发动机，以免因发动机故障而出现熄火现象或造成事故。发那科是在物联网时代中生存下来的为数不多的日本企业。

AI也被导入物资管理领域，但是，AI在这一领域并没有实现很大程度的发展。不过，今后物资管理还是可能会发展到无人化和自动化的阶段（见图1-19a）。Mujin[1]作为一家掌握物流自动化技术的风险企业开发出了货物散装分拣智能系统"分拣工人"（Pick Worker）。Fetch Robotics[2]面向物资管理市场推出两款机器人：自动行走机器人"Fetch"和跟随式机器人"Freight"（见图1-19b）。

安装了AI的人形机器人逐渐进入家庭和办公场所（见图1-20）。但是，人形机器人的发展还是处于初期阶段。我去日本软件银行[3]办理业务时，银行里面也放置有机器人"Pepper"。当有人从它面前通过时，它会主动打招呼，不过，它对任何人说的都是"欢迎光临"，这样是不行的，它要对不同的顾客说不同的问候语才能应用于各个场景中。

---

[1] Mujin：日本的一家智能机器人公司。——译者注
[2] Fetch Robotics：美国的一家工业机器人研发公司。——译者注
[3] 软件银行：1981年孙正义在日本创立的风险投资公司。——译者注

- 物流自动化行业导入 AI 的时间较晚，今后会在推进无人化、自动化的同时逐步导入 AI。
- 工用机器人的制造商开始进入物流领域，例如：德国机器人制造商库卡收购了物流自动化物流系统集成商 Swisslog❶。
- 物流行业的自动化流程预计如下所示：自动搬运→自动化→自动驾驶。
- 在物流中心的自动化系统中先对要搬运的物体进行识别，这一流程十分重要，所以，目前 AI 识别技术备受瞩目。

Mujin 的"分拣工人"

- Mujin 研发的货物散装分拣智能系统"分拣工人"可以从多数货物中挑选出特定货物，并通过机械手将其搬运到指定位置。
- 该系统使用 3D 识别技术，对物品的特征进行把握，可以很好地识别物体。

Fetch Robotics 的"Fetch"和"Freight"

- 2014 年，Fetch Robotics 是在美国加利福尼亚州的圣何塞成立的 AI 科技公司，它面向物资管理市场推出两款机器人：自动行走机器人"Fetch"和跟随式机器人"Freight"。

a. 物流行业自动化趋势　　　　　　　　b. AI 导入实例

图 1-19　物资管理领域的 AI 导入实例

ABEJA❷使用深度学习开发出了店铺分析平台"ABEJA零售平台"（见图1-21）。这一分析平台利用AI对相机和传感器收集来的信息进行分析。进店人数、进店者的年龄和性别、进店者的行走路线、进店者的停留时间等都可以数据形式被ABEJA平台收集储存。此外，这一分析平台还能根据数据发现问题，并能自动给出相应的解决措施。三越伊势丹、永旺、WEGO等公司已经导入了这一分析平台。但是，这也伴随着对于保护客户

---

❶ Swisslog：德国机器人制造商库卡的子公司。——译者注
❷ ABEJA：日本的一家AI公司。——译者注

Pepper （软件银行）	• Pepper 是可以识别人类意识和情感的机器人。 • Pepper 在咖啡店中接待顾客。 • Pepper 在比利时的医院中参与病患挂号业务的试点运营。
Atlas （波士顿动力）	• Atlas 是双足机器人。 • 人类用木棒对机器人施加外力，Atlas 也能够很好地保持平衡，即使摔倒也能立即站起来。 • 2013 年，谷歌将波士顿动力收购。2017 年 6 月，波士顿动力将其收购。
双足机器人 （SCHAFT❶）	• SCHAFT 与东京大学信息系统工学研究室成立风险公司。 • 2013 年，谷歌将 SCHAFT 收购，2017 年 6 月，软件银行将 SCHAFT 收购。
HAL/ 用于医疗 （Cyberdyne❷）	• 日本筑波大学成立机器人风险公司 Cyberdyne 研发出 HAL。 • 当患者想要行走时，HAL 检测人脑发出的行动信号，并辅助患者移动。
Palmi （富士 SOFT❸）	• Palmi 是面向消费者的交流型机器人。 • Palmi 是通过 DMM.make ROBORTS 平台销售 Palmi。 • 富士 SOFT DMM 公司于 2015 年开始从事机器人领域的业务。

图 1-20　安装 AI 的人形机器人实例

隐私问题的讨论。如何正确解决客户隐私问题，将是今后的一个重要课题。

---

❶ SCHAFT：原谷歌母公司旗下机器人公司，后被软银收购。——译者注
❷ Cyberdyne：日本科技公司。
❸ 富士SOFT：日本信息技术公司中的巨头DMM旗下公司。——译者注

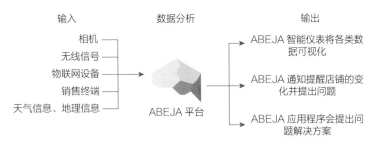

输入　　　　　　数据分析　　　　　　输出

相机
无线信号
物联网设备
销售终端
天气信息、地理信息

ABEJA 平台

ABEJA 智能仪表将各类数据可视化

ABEJA 通知提醒店铺的变化并提出问题

ABEJA 应用程序会提出问题解决方案

平台获取零售店铺经营所必需的各类数据。

平台利用 AI 将大数据和搜索引擎相结合。

平台以数据为基础自动发现、分析各类问题和解决办法。

- ABEJA 零售平台是利用深度学习技术、图像处理技术来帮助用户解决问题的平台。三越伊势丹、永旺、WEGO 等公司已经采用该平台。
- ABEJA 零售平台利用 AI 对相机和传感器收集来的信息进行分析。进店人数、进店者的年龄和性别、进店者店中行走路线、进店者停留时间等都可以数据形式被 ABEJA 平台收集储存。

图 1-21　ABEJA 零售平台的概要

AI图像处理技术

利用AI图像处理技术可以对行政机关、公共场所进行监控、追踪（见图1-22a）以及观测（见图1-22b）。

以色列的Prospera Technologies❶利用AI技术开发出智能农业系统"Prospera"。这一智能农业系统可以通过农场内的相机和气象传感器获取数据，并根据获取的数据对农田和农作物

---

❶ Prospera Technologies：位于以色列特拉维夫的农业科技公司。——译者注

• 日立制造所 ❶ 开发出大范围人员追踪系统。 • 追踪系统将人类 100 多种身体特征进行组合来追踪人员，可以在大范围内掌握追踪人员的移动路线。 • 追踪系统依据人员的外貌和动作特征等进行检索，快速锁定目标。	• 航天领域的风险公司 Axelspace 预计在 2022 年前发射 50 颗超小型人造卫星，这些卫星每天对全世界进行观测。 • Axelspace 利用 AI 分析大量卫星图像，并将这项服务提供给各个行业以及政府机构。 • 现已与 AMANA ❷、亚马逊、三井不动产、三井物产 Forest 等企业建立合作关系。
a. 监控录像和 AI 的大范围人员追踪系统	b. 超小型人造卫星的观测服务

图 1-22　AI 图像处理技术应用

进行实时分析，检测农作物病虫害的状况，计算农作物水分和营养的最优配比，监测并预测农作物收成情况等。同时，这些分析结果可以用于开发新的农作物品种。

这一智能农业系统还可以自动应对农田和农作物的虫害、干旱、营养不良等问题，该系统不仅能够减轻农民的负担，还能节约水和肥料等资源，减轻环境负荷。

RPA Technologies 公司 ❸ 将以往被认为只有人类才能做的工作（财务、后勤、人事、法务、企划等具有固定工作模式的工作）交由 AI 来完成，为此开发出机器人流程自动化（RPA，Robotic Process Automation）技术。

---

❶ 日立制造所：致力于研发家用电器、半导体等产品的日本公司。——译者注
❷ AMANA：美国家电品牌。——译者注
❸ RPA Technologies：软件开发公司。——译者注

预计到2025年，全世界会有1亿人以上的脑力劳动者和三分之一以上的工作被机器人流程自动化技术代替（见图1-23）。

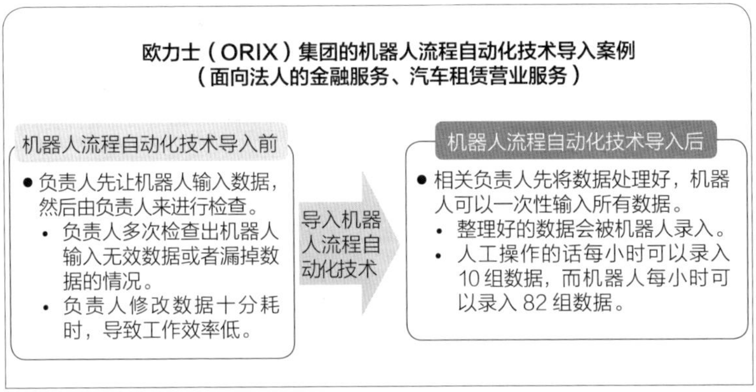

图 1-23　机器人流程自动化技术

随着AI领域各项技术的发展，机器自动回答人类提出的问题的自动对话系统（CHATBOT）将会为所有用户提供服务（见表1-5）。其中，大和运输的自动对话系统应用备受瞩目（见图1-24）。

世界经济的走势很不明朗，各个对冲基金公司都苦不堪言。但是，有一部分对冲基金公司将AI技术运用到市场分析和交易中，并取得了成功（见表1-6）。

日本经济产业省也在推进AI预防医疗系统的应用进程，并

表1-5 自动对话系统在各行业的应用

行业	公司	具体应用
金融	SBI 证券公司	客服中心业务
保险	互联网寿险公司、kanbo 人寿公司	保险手续、客服中心业务
旅行	北海道国际航空、Loco Partners❶	预订机票、确认机票、商谈旅行计划
零售	Askul❷	客户支援、商品提案
物流	大和运输	委托再次配送、家中无人通知
不动产	At Home Group❸、野村不动产	回答关于购买、变卖不动产的问题
信息技术	IBM	系统工程师项目管理

强化对话机能
大和运输（YAMATO）的服务

- 大和运输利用自动对话系统在连我上构建自动应答机制，在 2016 年 1 月开始开始新服务。
- 大和运输利用自动对话系统通过短消息来通知客户配送时间，并且回答物品物流信息。
- 随着自动对话系统的性能不断提高，使用人数不断增多。
- 截至 2016 年 1 月底，连我关注者数量约为 100 万，2021 年 8 月，关注者数量突破 4800 万。
- 自动对话系统逐渐成为商家与客户之间的沟通工具。

图1-24 大和运输的自动对话系统应用

研究如何导入AI预防医疗系统的问题（见图1-25）。这项医疗系统会从患者和潜在患者身上获得其体重、血压、运动习惯、饮食习惯等数据，对各种数据进行处理，并隐藏患者的个人隐私，以大数据的形式进行存储。该系统会利用AI分析出哪种类

---

❶ Loco Partners：日本酒店预订公司。——译者注
❷ Askul：日本的一家网上零售公司。——译者注
❸ At Home Group：家居装饰超市。——译者注

表 1-6　对冲基金公司对 AI 技术的运用

基金名称	内容
Two Sigma（美国）	该基金公司利用 AI 实现快速成长而备受瞩目的对冲基金。基金经理利用 AI 进行最终决策和风险管理。在 2017 年之前 3 年里基金平均年收益率达到 20% 左右
Renaissance Technologies（美国）	该基金公司是老牌量化基金公司，极具代表性，曾有非凡表现 该公司现在聚集了大量高端 AI 研究员
Rebellion Research（美国）	该基金公司拥有 9 名员工，利用 AI 进行长期投资的对冲基金。2014 年，国际原油价格下跌时，及早出售依靠石油支撑经济的南美洲各国货币，确保客户利益
Aidyia（中国香港）	该基金公司由著名人工智能学者本·戈策尔 (Ben Goertzel) 担任首席科学家的对冲基金 该基金公司使用 AI 进行投资，这只基金完全不同于人类基金经理管理的基金

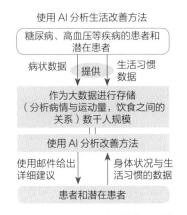

图 1-25　AI 预防医疗系统的应用进程

型的患者会得哪种类型的疾病，并每天会多次以邮件的形式提醒潜在患者进行一定量的运动，以及控制饮食中的盐分摄入量。

中小企业AI转型

日本企业在AI领域的发展却很落后，这样下去的话，日本企业很有可能会沦为"AI产业的雇工"。日本现在要做的就是在汽车、建筑机械、农业机械、食品机械、传感器、工业机械、产业机器人、动画以及护理等具有较强竞争力的领域推进AI转型进程（见图1-26）。

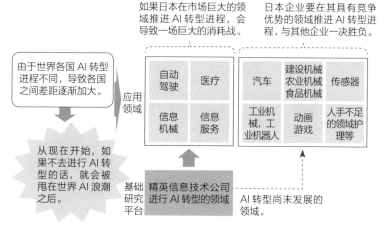

图1-26　日本的 AI 转型

软件银行应将通信事业、电力事业、投资事业等整合起来（见表1-7），构筑支撑物联网时代数据流通的基础设施用以支持物联网时代的自动驾驶业务（见图1-27）。

表 1-7　软件银行的事业整合

		软件银行投资的公司	行业主要企业
基础设施	能源	软银能源	谷歌、SolarCity（特斯拉）
	中央处理器	安谋科技公司❶	英特尔
	网络	Sprint、安谋科技公司网站	KDDI、都科摩、美国电话电报公司、英特尔、谷歌、美国太空探索技术公司
	服务基础	雅虎、SBDrive、阿里巴巴、滴滴出行	丰田、百度、亚马逊、苹果公司、谷歌、MS
汽车	自动驾驶	阿里巴巴	丰田、百度、宝马、通用汽车、戴姆勒、福特、优步、特斯拉、VW、Waymo
	图像识别	安谋科技公司	东芝、英特尔、英伟达、高通
	AI计算机	安谋科技公司	
	高精度地图	阿里巴巴	百度、谷歌、HERE、TomTom

提供

注：软件银行将通信业务与安谋科技公司整合，并将电力业务、投资业务进行整合，构筑"数据流通基础设施"，用以支持物联网时代的自动驾驶业务。

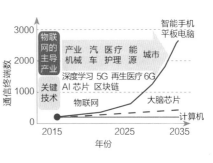

注：软件银行的计划如果实现了的话，会导致自动驾驶汽车增多，并且为该行业带来利益。

图 1-27　软件银行的通信终端变化

现在，很多日本人都觉得AI会从人类的手里抢饭碗，并对此表示不安。我觉得这是杞人忧天。被抢走的不是饭碗，而是

❶ 安谋科技公司：原名ARM，是英国领先的半导体知识产权提供商。——译者注

单一操作类的工作。人类只要学会使用AI来进行工作就可以了（见图1-28）。

实际上美国的尖端企业将AI作为必需的技术引进，以此带动企业的成长。因此，在当今社会，中老年再教育、年轻人教育等逐渐成为热门领域，日本文部科学省应该重新审视该国的教育模式，培养更多的顶尖人才。

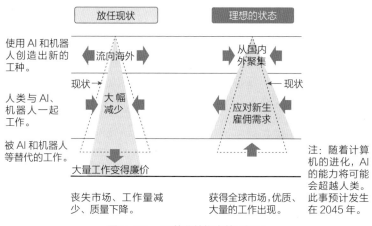

图 1-28　AI 就业结构变革设想图

由于企业的规模和所属行业各不相同，与AI的匹配程度也就各不相同。因此，我们要研究已有的AI转型案例，仔细探讨研究AI转型的方法（见图1-29）。

在向AI转型的过程中，大家不要认为小企业不如大企业有

		如何实现 AI 转型	主要案例
企业规模	大企业	• 招聘顶级 AI 研究员进行开发 • 与创业企业联合开发	• 丰田、瑞可利集团成立各种研究所 • 发那科、Preferred Networks
	中型企业 中小企业	• 在业界整体形成业内特定 AI 平台	• 日本交通的出租车软件平台
	创业企业	• 与有大量资金、大量数据的大企业合作	• Preferred Networks、ABEJA、OPTiM 等
行业类别	制造业	• 该行业公司要与委托公司一起实现 AI 转型	• 德国工业 4.0 • 通用电气、Industry Real Internet
	建设机械、农机等	• 该行业公司构建机器自动获取数据的商业模式	• 小松、久保田、洋马等
	信息技术等	• 该行业公司持导入 AI 服务	• 自动对话系统、机器人流程自动化等

图 1-29　公司的 AI 转型实例

优势。我希望各家小企业能够发现各自领域的各种可能性，要有敢于做大的勇气，进行积极的挑战。

不仅是公司，企划设计、制造、广告推广、销售、客户关系管理（CRM）服务等各个职能部门和组织也要从零开始思考AI的作用，积极导入AI（见图1-30）。

为了不让日本被甩在世界AI转型大潮之后，日本政府、公司、个人必须加速AI转型。特别是个人，可以通过使用智能投资，让自己更加贴近AI，积累使用经验（见图1-31）。

制定战略 竞争分析	• 预测销售额，预测市场需求 • 辅助制订生产计划，辅助制订下单计划 • 根据客户对竞争商品、自家商品的评价，以及客户带图评价等进行商品差异分析
财务、法务、 人事、劳务 间接业务	• 用人力资源技术进行人才入职前分析，向最符合的人选发放录用通知，预测辞职可能性较高的人员，整理录用材料、人事数据等 • 其他间接业务，利用 AI 导入法务等固定业务，自动输入数据，优化电力需求
信息系统 数据库	• 使用 AI 分析客户数据库 • 公司在服务器安全维护中导入 AI • 检测信用卡非法使用情况
研发	• 材料合成 • 分析遗传信息 • 开发新药
企划设计	• 开发新菜谱
制造	• 利用 AI 使生产自动化 • 将熟练工人的技巧输入 AI • 优化仓库作业流程 • 检测异常
广告推广	• 利用 AI 制作广告 • 向用户推荐最优 Web 广告
销售	• 预测购买可能性较高的客户 • 向客户提供商品最优评价 • 计算商品最优价格
客户关系 服务	• 使用自动对话系统应答客户问题 • 自动化客服中心 • 维修中心的维修预测

图 1-30　不同功能的 AI 转型商讨项目案例

世界的现状 "向 AI 转型的世界"	对日本的影响	日本该如何应对 "AI 转型"
• 美国信息技术五巨头一同加快 AI 转型。 • 拥有大量人口和市场的中国 AI 公司的影响力逐渐加强。 	＜对公司及产业的影响＞ • 此前日本一直是"AI的雇工"，这是AI转型中遇到的问题。 • 日本国内的主要公司应该有忧患意识。 ＜对个人的影响＞ • AI 抢夺人类饭碗只是 AI 转型的一个侧面。实际上 AI 带来的好处更多。 • 固定流程的工作可以交给 AI。	＜政府＞ • 政府尽自己所能保护个人隐私、完善法律体系等。 ＜公司＞ • 公司需要引入 AI，各个职能部门也要引入 AI。 ＜个人＞ • 把 AI 做不好且只有人类能够完成的事情做好。 • 个人尽量在 AI 领域积累自己的经验。

图 1-31　日本该如何应对 AI 转型

第二章

沃森的
AI 商业模式

吉崎敏文

简介

吉崎敏文
Toshifumi Yoshizaki

日本IBM股份有限公司执行董事、沃森事业部❶负责人（2017年）。现任日本电气股份有限公司数字商务平台部执行董事。
吉崎敏文先后从事经营、企划等工作，2015年，IBM发展沃森事业部，吉崎敏文作为统筹负责人开拓日本市场。

---

❶ 沃森事业部：是IBM以科技业务扩展为主营业务的部门。——译者注

新的计算机时代

第1代计算机是不需要进行编程的，可以称之为计算型计算机或者统计型计算机。

第2代计算机需要通过编程来驱动硬件，可以称之为通用计算机，由此迎来了通用计算机时代。这一时代持续了大约50年。

第3代计算机就是现代计算机（也可称为认知型计算机），第3代计算机带来了学习型系统的时代，如图2-1所示。

我认为第3代计算机给社会带来了前所未有的冲击力。为什么这么说呢？理由有以下几点。随着物联网的广泛应用，2020年世界范围内的信息流通量达到44泽字节（ZB），1泽字

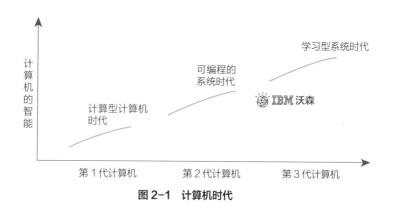

图2-1 计算机时代

节等于10的18次方千字节（KB）。更明确的换算公式为1泽字节=10亿太字节（TB）=1万亿吉字节（GB）。

其中结构化数据只占所有数据的20%，剩余80%的数据是声音、图像、视频影像、自然语言等非结构化数据，以往的计算机是无法处理非结构化数据的。IBM的第3代计算机沃森是可以处理非结构化数据的，不仅如此，它还能够理解、提出假说、进行推理、学习。我们将沃森超级计算机称为"认知型计算机"。

能够通过与人类对话获取必要信息，助力决策者进行高难度决策的计算机就是认知型计算机（见图2-2）。在IBM 沃森世界大会（World of Watson）2016的主题演讲中，IBM 的首席执行官罗睿兰[1]（Ginni Rometty）女士首次正式向外界宣布IBM

理解
（Understanding）

推理
（Reasoning）

学习
（Learning）

与人类对话获取必要信息，助力决策者进行高难度决策的计算机

计算机能够处理自然语言、知识表达、语言、声音等，运用了视觉技术、离散计算、高机能计算、机器学习和深度学习技术

图2-2　沃森增强智能技术

---

❶ 罗睿兰：美国人，美国西北大学计算机科学和电子工程学双学士。——译者注

将要大力发展AI（增强智能，Augmented Intelligence）。这里
提到的AI中的"A"不是"人工"（Artificial），而是"增强"
（Augmented）。增强智能不是指计算机代替人类去工作，而
是人类与计算机一同工作。换句话说，增强智能是计算机辅助
人类的AI。

IBM沃森的步伐

IBM沃森的历史是相对比较悠久的，它大约从1980年开
始进行自然语言处理、知识表达、并列处理、数理科学、最
优化等技术的研究。2008年，来自美国、以色列、中国的
数十名科学家、研究员参与了超级计算机的研究项目，并且
有3名日本人也参与其中。超级计算机的设计在2008年基本
完成。

IBM决定使用"沃森"这个名字来命名超级计算机。这
个名字来自IBM的创始人托马斯·约翰·沃森（Thomas John
Watson），在阿瑟·柯南·道尔的推理小说《夏洛克·福尔摩
斯》中，主人公福尔摩斯的朋友的名字是华生（华生的英文与
沃森相同），这位博士虽然不是无所不知、无所不晓，但是他

是一个很好的助手。

之后最为重要的环节是对沃森超级计算机进行技术验证。2011年，沃森超级计算机参加美国人气知识竞答节目"危险边缘"（Jeopardy！），在比赛中挑战曾经的人类冠军选手，最终打败了他。

"危险边缘"中出现的题目涉及文学、历史、体育等多个领域。研究项目组在沃森超级计算机中录入的信息数量相当于100万册书籍。因此，沃森超级计算机在比赛中以90%的正确率超越了人类冠军选手。通过这种技术验证后，沃森迅速成立创业公司，以推动超级计算机商业化。

但是，当年有1028台服务器的沃森超级计算机并不是现在为人们提供云端服务的沃森超级计算机。

沃森超级计算机的商业应用实例

那么，沃森超级计算机在商业领域的应用实例有哪些呢？主要有以下3个方面。

1. 问题应答。沃森超级计算机就像客服中心一样，在收到用户们提出的疑问时，既要给用户做出正确回复，又要说明相关依据。

2. 助力做出决策。沃森超级计算机能够针对特定案例按照规定和原则辅助企业做出决策。

3. 合理解答开放性问题。沃森超级计算机读取大量数据，针对没有固定答案的问题给出合理的答案，并且精确检查、检验答案的准确性。

下面，介绍一个沃森超级计算机的具体应用案例。在日本，很多企业的客服中心会导入沃森超级计算机用以辅助接线员，沃森超级计算机读取和分析的数据包括接线员回复客户问题时的语音录音、接线员书写的记录以及交易流程等，这些信息会被客服中心保存很多年，AI是十分适合分析这些数据的。

近些年来，客服中心会在没有人工客服的时间段运用沃森超级计算机提供24小时网络在线客户服务。

客服中心的工作重点在于要提高AI回答用户问题的准确率。最初，沃森超级计算机回答问题的准确率为60%，如果准确率达到80%的话，沃森超级计算机就相当于熟练的接线员了，便可以被客服中心用于提供在线客户服务。当时，一台沃森超级计算机回答问题的准确率达到80%是要花费很长时间的，但是现在最快只需要3周时间就可以达到这个水平。

沃森超级计算机的竞争优势在于其可以不知疲惫、过目不忘地学习专家与熟练员工的经验，以及公司多年运营成果。可以说这一点正是沃森超级计算机的精髓所在。

那么，接下来我从技术层面来介绍一下沃森平台。

IBM沃森平台

IBM 沃森平台有两种类型的解决方案，一种是为健康护理、金融服务、物联网等领域提供助力的解决方案。另一种是用于数据分析、数据安全、顾客项目、全球环保系统的综合解决方案。现阶段这两种解决方案都在云端运行。

IBM沃森运行结构

沃森的技术层级分为应用软件、数据、AI和云端4部分。其中"数据"和"AI"是以往信息技术中不曾有的新层级。

沃森的应用软件主要有问题应答、助力决策、合理解答开放性问题这3个功能。为了使应用软件顺利运行，沃森要根据用户的使用目的和使用对象设置多个应用程序接口。比如，判断用户更适于使用哪种技术、客户是谁、客户的使用目的等。所以，在调试阶段，要请用户根据自身的情况和目的来决定使用哪种应用程序接口。沃森能够为客户精准匹配应用程序接口尤为重要。有的用户觉得只要引进沃森应用软件就可以解决任何问题，其实并非如此。用户充分使用沃森应用软件的大前提是要知道如何使用AI、使用目的以及使用哪种功能。另外，如果用户不知道使用哪种类型的数据，沃森应用软件是无法发挥其最大作用的。所以，在使用沃森应用软件前，企业要准备大量数据，或者企业自行收集数据，或者企业通过其他渠道购买数据。数据的应用分为五个步骤：数据收集、数据解读、精准核查、数据储存、数据探索与分析。在这方面，IBM有自己的优势。

IBM不会随意提取客户的数据。用户的数据属于个人隐私，不能侵犯。在数据处理的过程中，IBM加入专家的见解，来确立自己的竞争优势。

沃森在从数据中做信息导出时，一定会把导出结论的过程以可视化的形式呈现给客户。

沃森助手

沃森的其中一个应用程序接口是"沃森助手"。下面，举一个沃森助手在客服中心的应用实例。客户向客服中心发送文字评论："我总是点不进去你们公司的网上支付链接，很是麻烦。"沃森助手会根据客户的意图及其提出的问题"一直点不开支付链接"，将问题的原因归结为"密码出了问题"。再根据用户的文字评论将问题对象锁定为"网上支付网站"。之后还会根据客户的背景判断出用户可能会有些许愤怒情绪，最终沃森助手会给出用户以下答案："给您添麻烦了，十分抱歉！问题应该出在登录密码上。请您重置登录密码。"

第1代AI只能对简单的问题给出提前设计好的方案。沃森助手作为第2代AI能够理解用户的意图并能够根据用户的情感做出回答。

沃森发现

"沃森发现"是一种被转变成应用程序接口的云端服务，它能够分析数据，并从中得出新的见解。

　　沃森发现可以处理太字节级别的数据，凭借这一优势，它已经被应用于制药、基因医疗、安保、公共安全等领域，并在许多领域中取得了一定的成绩。今后，沃森发现还会被应用于各行各业的销售支援、研究开发、制造品质、经营、市场、顾客支援、采购、法务、知识产权等（见图2-3）。

视觉识别——更高水平的图像解析

　　"视觉识别"提供更加精准的图像识别服务。在医疗行业，"视觉识别"的图像分析服务加上专家的见解及临床数据，使"尽早发现被忽略的早期癌症"成为可能。

回答更具有专业性的问题

可应用范围

前期项目	**沃森发现** 将数据知识化，探索知识，得出新的见解 被转变成应用程序接口的云端服务	**销售支援** • 理解顾客意思 • 增销 • 商品知识 **研究开发** • 商品企划 • 新产品测试 • 新材料开发 **制造品质** • 各领域数据 • 及早处理不兼容 **经营** • 企业分析、投资 • 市场分析	**市场** • 市场趋势 • 品牌管理 **顾客支援** • 商品介绍 • 保密服务 **法务、知识产权** • 遵守法律法规 • 专利分析
制药 遗传防治 安保 公共安全领域			

图 2-3　沃森发现的应用范围

在建筑行业，人类无法用肉眼观测到铁塔高处的锈蚀情况，人们可以用无人机对铁塔高处进行拍摄，"视觉识别"读取无人机拍摄的影像信息并做出分析，判断铁塔的锈蚀状态，从而预防潜在风险。

关于白宫AI的报告

2016年美国白宫发布题为《人工智能、自动化与经济》（*Artificial Intelligence，Automation，and the Economy*）的报告，其中主要提及以下3点。

1. 政府要为获得AI的潜在优势而进行投资，要鼓励对AI的投资。

2. 政府要对劳动者就未来的工作进行教育与培训。未来的工作内容会朝着AI的方向转变，为此政府要对劳动者做好必要的教育与培训。

3. 政府要帮助劳动者应对AI潮流，向不能应对AI转型的人事先提供保障措施。

AI领导力

2016年9月，亚马逊、Deep Mind、脸谱网、IBM、微软这5家公司成立非营利组织AI领导力。这5家公司成立该组织的目的在于其想加深对AI的基础理解，以便更好地应对在这一领域出现的问题和机会。

截至2020年，已经有80多家企业和非营利性组织加入该组织。

Q1 ▶ 我是一名中型企业的经营者，我们公司导入沃森平台的具体费用会是多少呢？

吉崎敏文：IBM提供面向中型企业和创业企业的打包服务，其中包含为期3个月的应用程序接口使用技术指导服务，打包服务的费用价格是98万日元（2017年11月）。今后，我们还会增加AI咨询服务、针对特定业务的AI服务等打包项目。

Q2 ▶ 现在的AI是依据人类的各类记录数据进行决策判断的。那么，今后AI会如何发展呢？AI会根据其他AI的数据做出更加准确的判断吧，那样的话，这个世界就是由AI来控制了，这会是真的吗？

吉崎敏文：现阶段AI是没有自我意识的，所以，掌握主导权的还是人类，不是AI。

我认为在下一个时代，虚拟化身[1]会出现，并且能够与人类进行平等的交流。当然，我们与虚拟化身进行交

---

❶ 虚拟化身：指从游戏角色转变为数字化的自我。——译者注

流是可以实现的。即使这样，AI还是没有自我意识的，可以说人类是主导者这件事不会有任何变化。这是我个人的观点，人类也是在进化的，所以人类不会被AI全面超越，也不会让AI主宰世界。

Q3 ▶ 如果公司要导入沃森平台的话，自身要做哪些准备呢？此外，如何进行数据输入呢？

吉崎敏文：公司要准备的是计算机能够连接云端服务的网络环境。IBM的应用程序接口用户是可以直接使用的。数据在用户方保存，用户也可以将数据通过计算机或者其他移动存储设备提供给我公司，如果是非结构化数据，公司人员可以使用光学字符识别来输入。如果用户不想出现输入错误等问题，最好还是自己重新在电脑上录入一遍。如果客户无法使用自然语言录入的话，可以使用我公司的"知识工作室"（Knowledge Studio）等工具来对录入数据进行整理分类。

数据录入工作主要由客户自行完成，但是我公司也可以接受客户委托代为录入。

Q4 ▶ 我经营着一家司法律师事务所，客服中心大约有150人，每年为30万人提供免费咨询服务。如果导入沃森平台实现全面无人化服务的话需要多少数据呢？

吉崎敏文：我将与问题相关联的备选答案称作"大真相"（Grand Truth），能否实现无人化，与回答内容的准确程度密切相关。

从沃森超级计算机的学习曲线来看，它最初回答问题的准确率为60%。随着数据的增加，它回答问题的准确率会上升到70%。在此之后，如果继续增加数据的话，沃森超级计算机回答问题的准确率反而下降了。不过，只有回答问题的准确率超过90%才能实现无人化。由于人类也会犯错误，因此，不可能要求回答问题的准确率达到百分之百。

所以，需要多少数据量才能够使沃森超级计算机回答问题的准确率达到90%是关键问题。也不能一概而论，因为与数据量相比，衡量答案准确率的指标更具意义。

第三章

丰田的
AI 战略

冈岛博司

简介

冈岛博司
Hiroshi Okajima

丰田汽车公司先进技术综合部调查项目主要负责人。丰田研究所（Toyota Research Institute）原首席联络官。

冈岛博司生于1965年，1991年获得名古屋大学研究生院工学系博士学位，之后进入丰田汽车公司。他曾在丰田汽车公司的材料技术部开发丰田发动机的材料，也曾在技术综合部负责研究战略管理和尖端技术。他曾提出新能源战略、环保至上战略等。2016年，丰田汽车公司成立丰田研究所，他曾担任该研究所的首席联络官，开展了AI研究战略。

正确认识大数据和AI

很多人认为把大量的数据信息收集起来，这些数据就能发挥大数据的作用，其实这种看法是错误的（见图3-1）。人们只是简单收集数据是没有用的。首先，人们要明确自己收集数据的目的，例如，"我想开展某项服务""我想提高某个部分的效率"等，明确目的是最重要的。

丰田汽车公司的员工通过物联网收集了与车辆相关的大量数据，他们是在明确其公司目标的基础上收集、分析车辆相关信息的。

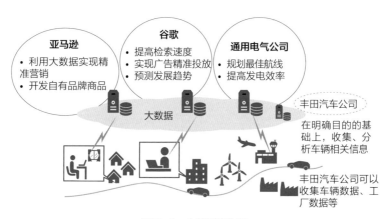

图 3-1 大数据的作用

大家对AI可能已经习以为常了。谷歌、亚马逊、微软等信息技术公司向用户提供基于AI的服务。用户为了更好地根据自己的目的使用AI，需要进行相关的咨询，IBM便提供这种类型的咨询服务。

公司使用AI可以改变员工现有的工作方式，也可以创造出新的价值（见图3–2）。

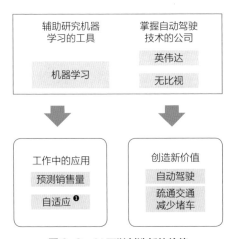

图 3–2　AI 可以创造新的价值

---

❶ 自适应：在处理分析数据过程中，根据数据特征自动调整处理方法、处理参数等，使其与数据统计分析特征、结构特征相适应。——译者注

谷歌与通用电气在AI领域的成就

谷歌创造了一种商业模式，即公司面向用户提供各种线上服务，依靠线上投放广告来赚取收益（见图3-3）。谷歌会收集其服务的用户信息，用AI对用户信息进行处理，分析用户的需求，之后再根据用户的需求将广告推荐、推送给用户。这种商业模式在大数据技术的支撑下，给用户带来了更为便捷的服务。

此外，谷歌开源了AI模块的代码，供AI相关研究人员参考使用。谷歌提出通过数据回传加速神经网络训练方法，有效提高AI模型预测性能。

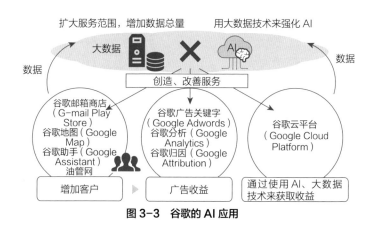

图3-3　谷歌的 AI 应用

通用电气近年来也开始涉足金融和商务咨询领域。比如，它不仅制造、销售飞机的发动机，还承担飞机发动机售后的维修检查工作。这样，通用电气就可以获取飞机发动机的各类数据。飞机从东京到纽约往返一次，其检测该飞机发动机状态的数据就可以存满一个硬盘，利用AI来分析这些数据就可以对发动机的各个零件做出正确的故障预测。这样一来，通用电气便可以在飞机发动机零件出现故障前对飞机进行必要的维护和维修，也可以在最佳时机更换受损零件进而大幅度降低维修成本。

另外，通用电气提供最佳航线推荐服务，这是通用电气商务咨询业务的重要内容。最佳航线推荐服务可能会给出以下提示："从今天的风向来判断，将飞行路线向北调整一些可以节省燃油。"据说有的航空公司因为使用通用电气的最佳航线推荐服务而节省了10亿日元左右的燃油费。

在日本，通用电气还销售CT扫描仪，同时也在研发生产CT扫描仪，它还从CT扫描仪生产工厂处收集数据，并以收集的数据为基础开发了工业物联网平台Predix。2016年，该平台的软件相关业务的收入为50亿美元，当时，通用电气预测该平台2020年的收入会达到150亿美元（见图3-4）。

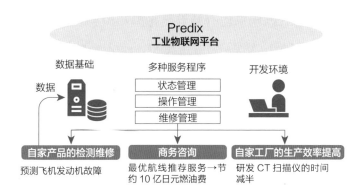

图 3-4　Predix 相关业务

丰田汽车公司的终极目标是实现交通事故零死伤

　　丰田汽车公司正在致力于自动驾驶技术的研发。丰田汽车公司为什么要研发这项技术？答案是为了保障客户的行车安全，当然，并不是汽车的性能越高，就越能保障客户的安全。完善交通环境的各类设施对于保障行车安全是十分必要的，比如，在街道上设置路灯、在道口设置人行横道等。当然，全面开展安全教育活动也是很重要的。发生交通事故后，技术研发人员应该调查、分析事故原因，研究汽车损坏位置及损坏程度，用电脑模拟交通事故，并根据模拟结果对自动驾驶技术进行进一步研发。

丰田汽车公司的目标是"在任何驾驶情况下，丰田汽车公司都能为其用户提供最优的安全支援"。用户反馈说："我在停车场停车时，极力避免与其他车辆碰撞却还是造成了事故，面对这种情况，我该如何处理？"丰田汽车公司的人员希望能够在这种情况下也能对其用户进行支援。

丰田汽车公司人员为了解决用户把油门当刹车误踩的问题，以往采取的做法是使用超声波声呐，当丰田汽车接近障碍物时，车辆就会发出警报。然而，高龄驾驶员日益增多，有的老年驾驶员误把油门当刹车，直接把丰田汽车开进了便利店，汽车的警报却没有响。为此，丰田汽车公司研发人员开发出了预碰撞安全系统（PCS，Pre-Collision System）并将其安装在了汽车上，该系统能够在汽车接近障碍物时强制汽车停下来。除此之外，丰田的安全机制还包括车道偏离预警系统（LDA）、远光自动控制系统（AHB）、雷达安全预警系统（RCC）。在日本和美国的撞击安全标准中都包含了以上几种系统。丰田汽车公司研发出了上述几个系统，并达到了比撞击安全标准更高的标准。因为国家的撞击安全标准是不断变化的，所以系统的开发是永无止境的。

我举一个例子，在美国，以前是以汽车正面撞击时车内人员受到何种程度的伤害来评价汽车安全性能高低的。实际上，汽车的驾驶员判断事故即将发生时会猛打方向盘，这种情况下的汽车碰撞并不是全面撞击，因此"侧面撞击"也被当作汽车安全性能检测的一个指标。不过，丰田汽车公司没有把车辆剐蹭作为汽车安全性能检测的指标。所以，在车辆撞击检测方面，丰田汽车公司得了5星。而在车辆剐蹭检测方面，丰田汽车公司只得了1星。

丰田汽车公司在系统研发中设定高标准，并不断地刷新系统研发标准。丰田汽车公司的研发人员开发出一套安全应急系统，利用物联网来感知安全气囊弹开时的撞击力，并同时自动联系救援直升机。

丰田汽车公司的终极目标是实现交通事故零伤亡。因此丰田汽车公司研发人员不断开发汽车安全防护的尖端技术、普及技术，旨在逐渐地减少死亡事故数量，最终实现交通事故零死伤的目标（见图3-5）。

丰田汽车公司开发自动驾驶技术的最大目的就是保障用户的行车安全。除了保障用户安全以外，丰田汽车公司还有其他的目的，比如"让所有人都能够自由地移动""打造没有拥堵的行车环境"等。

说到"自由移动"，我们最先想到的是老年人。近年来，老年驾驶员交通肇事事件被社会广泛关注。丰田汽车公司与大

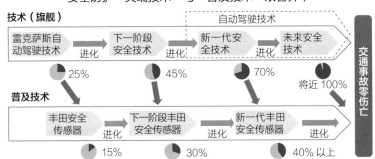

安全防护"尖端技术"与"普及技术"双管齐下

■ 如果应用这项技术可避免的交通事故的范围。例如，如果该项技术普及的话，可减少 40% 的交通事故。
■ 如果应用这项技术不可避免的交通事故的范围。

图 3-5　丰田汽车公司终极目标

学教授共同开展了"如何让老年人积极使用汽车出行"的课题研究。

自动驾驶技术的5个等级

人们对于自动驾驶有许多观点。现阶段，我们设想的自动驾驶仍然是由人类驾驶员驾驶汽车，而不是完全的无人驾驶。丰田汽车公司要实现的目标是，当驾驶员在十分疲劳的情况下驾驶汽车时，汽车的自动驾驶系统能够保护驾驶员的行车安全。

　　根据自动驾驶技术的自动化水平，自动驾驶技术可以划分为5个等级（见图3-6）。

　　处于自动驾驶技术等级2时，驾驶员仍处于主导位置，汽车的自动驾驶系统不过起辅助作用。在该阶段的自动驾驶汽车在自动行驶的过程中，仍然需要驾驶员手握方向盘，如果驾驶员的手离开方向盘的时间超过30秒，那么自动驾驶系统就会自动停止。这便是自动驾驶技术等级2。

　　处于自动驾驶技术等级3时，汽车的自动驾驶系统处于主

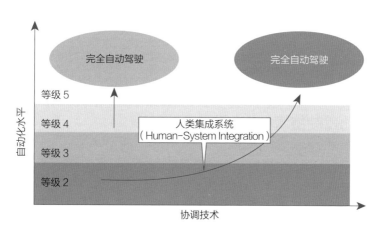

图 3-6　自动驾驶技术的发展阶段

导地位了，在汽车行驶过程中，驾驶员的双手可以离开方向盘。但是在这一阶段中，汽车的自动驾驶系统有其局限性，当遇到大雾天气或暴雨天气，那么，就又需要驾驶员驾驶汽车了。如果驾驶员在高速公路开启汽车自动驾驶模式，那么，驾驶员很容易放松精神而昏昏欲睡。因此，汽车就要具备检测驾驶员是否在睡觉并让驾驶员保持清醒状态的功能。这就是自动驾驶技术等级3。

处于自动驾驶技术等级4时，可以实现在特定条件下的汽车自动驾驶，比如，在高速公路上排队行驶的卡车、在人口稀少地区老年人可以不超过30千米/时的速度让汽车自动驾驶。

处于自动驾驶技术等级5时，将实现完全自动驾驶。虽然，实现完全自动驾驶所必需的环境认知技术、自动刹车技术、识别行人技术等都在进步，但是，我们要想真正实现完全无人驾驶还是需要攻克很多技术难关的。

支撑自动驾驶技术的3个"智能化"

汽车需要实现下面3个方面的智能化以支撑自动驾驶技术。

1. 驾驶智能化

人们利用智能驾驶技术，可以使汽车的自动驾驶系统获取和积累路面信息，在此基础上，汽车的自动驾驶系统可以帮助人们规划安全的路线。汽车的自动驾驶系统可以积累70%~80%的路面信息，无法达到100%。比如，路肩，日本各地的路肩地形不是很固定。如果汽车的自动驾驶系统要获取欧洲国家和亚洲其他国家的路面信息的话，就需要识别更加复杂的地形。为了应对汽车行驶过程中的各种情况，我们就要让汽车的自动驾驶系统积累更多的路面图像，并且利用机器学习和深度学习技术来提高汽车自动驾驶系统的图像识别准确度。

2. 连接智能化

汽车在雾天行驶时，如果汽车的自动驾驶系统能从前方车辆获取路况信息，就能知道前方是否有障碍物。在交通较为复杂的十字路口，如果汽车的自动驾驶系统能够获取对向车辆的路况信息，就可以提前规避风险。这就是所谓的连接智能化（见图3-7）。

如果要实现车辆之间的连接智能化，我们就要解决车辆之间

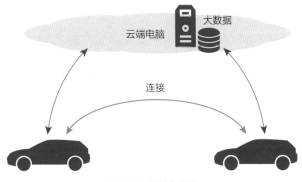

图 3-7　连接智能化

如何进行路况信息的交换的问题。仅在日本就有几千万辆汽车，这些车辆产生的大量数据仅靠一台云端电脑来处理的话显然是不可能的。

为了处理大量信息，我们是使用"雾计算❶"还是在各个十字路口设置信息处理机制，这些问题是我们需要去考虑解决的。

3. 为实现"人车协调"的智能化

在上一部分内容中我们提到在自动驾驶技术的等级3，汽车的自动驾驶系统可以检测驾驶员的情况。作为这项技术的一

❶　雾计算："云计算"的延伸概念，在该模式中数据、数据处理和应用程序集中在网络边缘的设备中，而不是几乎全部保存在云端。——译者注

个重要内容，丰田汽车公司一直在进行"汽车行驶过程中驾驶员清醒度检测研究"。最简单的方法就是汽车的自动驾驶系统从驾驶员的面部表情来进行检测，驾驶员的清醒程度分为6个等级，在第3等级，驾驶员因为困倦闭上眼睛，之后驾驶员会打开车窗、嚼口香糖，以此来消除困意，但是3分钟之后，驾驶员会再次睡着。因此，在驾驶员清醒程度的第2、第3等级时，汽车的自动驾驶系统就要赶紧通知驾驶员其驾驶状况。在第2等级时，驾驶员自己不会觉得有困意，即使汽车的自动驾驶系统提醒他："你已经昏昏欲睡了！"驾驶员也会觉得该警示是多余的。所以，在一定程度上做驾驶员的工作还是比较困难的。

对于上述情况的有效应对措施是汽车的自动驾驶系统通知客服中心的女性工作人员打电话给驾驶员。这会比自动驾驶系统发出的死板的警示声音有效。当然丰田汽车公司的最终目标是让自动驾驶系统像人类一样来打这个电话。

自动驾驶技术要解决的问题

在自动驾驶技术开发过程中，研发人员考虑到的实际行车环境有两种，一种是比较简单的机动车专用车道，另一种是比较复杂的普通车道。汽车在机动车专用车道行驶时，通过电子不停车收费系统（ETC）后驾驶员可以开启自动驾驶系统，之后在从高速公路入口到高速公路主路并线时，汽车的自动驾驶系统根据车流情况自动加速减速。这要比驾驶员踩踏板来控制车辆速度更加安全。汽车在干道上行驶时，与前车保持安全距离、变换车道、超车等操作都由汽车的自动驾驶系统自行完成。

在自动驾驶方面，还有很多问题有待解决。比如，限速问题，当汽车在行驶过程中变更至限速每小时60千米的车道时，我们要求汽车将速度正好控制在每小时60千米以下是不现实的。如果车速超过了每小时60千米，那么谁来负责任？比如，自动刹车功能，在没有驾驶员干预的情况下，汽车自动停下来并引发了交通事故，那么责任由谁来负？因此，在推广新技术的同时，要完善法律法规。

在丰田东富士研究所有一台驾驶仿真装置，这台装置可以收集驾驶员行为习惯等相关信息，同时，完善了人、车辆、交通之间的互动关系。这台驾驶仿真装置与普通的驾驶模拟器不同，驾驶仿真装置可以打造出360度环舱投影效果。驾驶仿真装置的移动平台长40米、宽25米，可制造与实际行驶过程中相同的感受。丰田汽车公司利用驾驶仿真装置来研究"驾驶员如何与汽车进行交互"。

丰田汽车公司开展的AI战略

2016年1月，丰田汽车公司在美国硅谷和加拿大多伦多成立丰田研究所，主要研究AI。

由于谷歌、苹果公司、优步等信息技术企业进军汽车行业，汽车行业的大环境发生了巨大的变化。同时，汽车公司的主营业务从生产销售汽车向开发新技术、新产品、新服务转变。

在这样的时代潮流下，我认为制造类公司必须利用AI开发新产品和新服务（见图3-8）。丰田汽车公司在美国成立丰田研究所也正是出于这个原因。

进入汽车行业的信息技术公司在AI技术使用程度和使用水平上具有压倒性优势。今后，丰田汽车公司依托丰田研究所吸引AI领域的人才，并与日本和美国的顶尖大学合作进行AI研究，与AI公司建立技术合作关系（见图3-9）。丰田汽车公司的愿景是在5年之内达到AI领域的世界顶级水平。

将 AI 技术作为未来开发新产品、新服务的基础
- **制造类公司 → AI X 大数据**

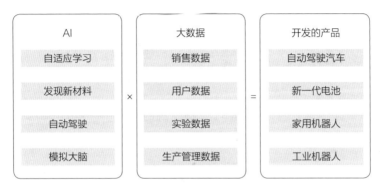

图 3-8　制造类公司新业务

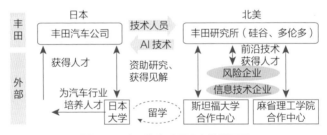

图 3-9　丰田汽车公司研究体制概况

　　此外，丰田汽车公司的管理体制也发生了巨大变化，赋予首席执行官更大的权限，废除宏观管理体系，采用灵活的雇用制度（见图3-10）。

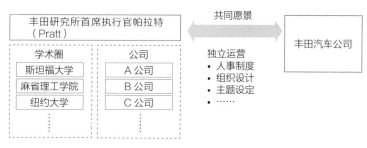

图 3-10　为实现愿景制定的战略 1

同时，丰田汽车公司要一改以往的垂直统合和孤立状态，与其他公司进行合作并共同创新。丰田汽车公司应该积极听取外界声音与见解，建立新型的公司结构（见图3-11）。

最后，对于自动驾驶技术来说，尤为重要的是语音识别的

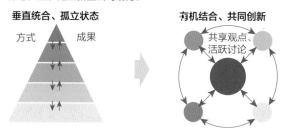

图 3-11　为实现愿景制定的战略 2

应用，为此丰田汽车公司开发了"Kirobo Mini❶"这款交流型机器人。这款机器人虽然在最初阶段只有3岁儿童的认知水平，但是它能够通过对话来学习语言和知识。

---

❶ Kirobo Mini：是日本汽车制造商丰田汽车公司发明创造出的一种机器人孩童，这种机器人不但能够做路途向导，而且能够安慰和宽解用户。——译者注

答疑

Q1 ▶ 随着传感技术的发展，驾驶员在驾驶过程中各种车载警报和提示音会随之增多，这反而会使驾驶员更加烦躁吧？

冈岛博司：您说的的确是丰田汽车公司要研究的一个重要课题。特别是老年驾驶员在驾驶过程中处理信息的能力下降，各种提示音反而会影响老年驾驶员的注意力。

所以，自动驾驶系统要能够识别驾驶员的驾驶能力，并根据驾驶员的实际情况进行辅助驾驶。

Q2 ▶ 未来面向老年人的汽车会不会不设方向盘、油门、刹车，老年驾驶员上车后睡觉就可以了，等到了目的地自动驾驶系统会唤醒老年人。

冈岛博司：我认为这可以是未来的研发方向。不过，我们也和老年驾驶员探讨过这个问题，他们身体十分硬朗，仍然在驾驶手动挡汽车或者没有助力转向装置的轻型卡车。因此，"在汽车上安装各种安全设施以实现完全自动化驾驶"这个课题还需要我们去进一步思考。

Q3 ▶ 如果汽车公司使用导航卫星为汽车导航的话，可以提高汽车导航的精确度。不过，汽车在雪天或者在丛林中行驶时可能会接受不到信号。请问丰田汽车公司如何解决这个问题呢？

冈岛博司：汽车公司使用导航卫星导航只是一个过渡阶段。有的时候，导航中显示可以通过的路段，可能会因为路面积雪或者道路施工等原因无法通行或较有危险。所以，汽车的自动驾驶系统能够根据路面情况做出实时反应才是丰田汽车公司的终极目标。

Q4 ▶ 很多驾驶员通过人行横道时都不停车观察，请问自动驾驶系统是否可以让汽车在人行横道停车观察呢？

冈岛博司：日本《道路交通法》规定：机动车在通过有行人行走的人行横道时，需要停车等待行人通过。自动驾驶汽车也会遵守这项规定。但是问题在于，汽车的自动驾驶系统无法判断在人行横道附近的行人是否要过马路。即使图像识别技术的准确度提高了，自动驾驶系统也是无法准确判断这种情况，驾驶员要根据自己的经验进行判断。丰田汽车公司的目标是让自动驾驶系统具备判断行人意图的能力。

Q5 ▶ 如果汽车与云端系统相互连接，我们就无法否定犯罪分子不会非法利用云端系统。对于这个问题，您是如何考虑的呢？

冈岛博司：实际上已经有黑客进入云端系统盗窃汽车，私自打开汽车引擎了。因此，云端系统的安全也是一个重要的问题。

丰田汽车只有导航系统与云端系统相连接，在控制系统设有防火墙。今后丰田汽车公司会继续强化保障云端系统安全的措施。

Q6 ▶ 在自动驾驶和电动汽车的技术开发方面，日本和欧美有多大差距吗？

冈岛博司：在自动驾驶技术方面，日本和欧美基本没有差距。在电动汽车、发动机换流器和电池技术方面，日本和欧美并没有哪一方特别突出。丰田汽车公司没有从外部公司购买这些技术的打算，仅在自己的公司内部开发这些技术。正因为丰田汽车公司自主开发这些技术，丰田汽车在续航距离、安全性、成本等方面都脱颖而出。

欧美汽车公司很早就已经进入自动驾驶领域了，丰田汽车公司还是处于"摸着石头过河"的状态，因此，丰田汽车公司在发展速度上会比欧美的汽车公司慢一些。我们对此也感到遗憾。

Q7 ▶ 谷歌已经明确表示将从汽车上获得数据用于商用。丰田汽车公司会如何做呢？

冈岛博司：谷歌进入自动驾驶领域的原因是美国硅谷早晚高峰交通道路拥堵，但是在自动驾驶的情况下，驾驶员就可以在堵车的时候看手机、浏览网页，同时还能增加谷歌的广告收入。由于自动驾驶部门是单独的部门，要求有单独的财务体系，因此，谷歌开始朝着自动驾驶出租车的方向发展。

但是，丰田汽车公司追求的不是广告收入，丰田汽车公司只提供客户需要的服务。丰田汽车公司的宗旨是用服务来改变人们的生活，让人们的生活更便捷。

Q8 ▶ 由于AI的出现，汽车行业正在发生变化。丰田汽车公司也会发生变化吧？

冈岛博司：的确，丰田汽车公司之前一直是一家制造类企业，今后，丰田汽车公司可能会成为信息技术企业的转包公司。为了避免这种结局，丰田汽车公司必须发展AI和大数据技术，也必须为客户提供新价值和新服务。

第四章

AI 的
应对方法

龟山敬司

PROFILE

龟山敬司
Keishi Kameyama

DMM公司董事局主席。

19岁时，龟山敬司曾作为小商贩在路边贩卖手工制作的首饰。24岁时，他回到老家日本石川县，经营麻将馆、台球厅等。

1985年之后，龟山敬司经营过一家录像带出租店。20世纪90年代，龟山敬司扩大了DVD的销路。

1998年，DMM公司先于其他公司开启网上视频发布业务。

目前，龟山敬司开展了网络游戏、线上英语会话、3D打印、外汇交易、股票交易、虚拟货币交易、太阳能发电、欧洲职业足球队、音乐唱片、动漫制作、对非洲投资及贸易、水族馆等40多种业务。

龟山敬司成立了工程师培养学校"42东京"，该校不考虑学员的年纪和学历，任何人都可以免费进行学习。他为所有人提供了平等的受教育机会，受到了广泛关注。

有关DMM公司

采访的提问方为BBT大学综合研究所的执行董事政元龙彦。

Q1. DMM公司不断扩展新业务，被人们称为"互联网行业的综合性大公司"。虽然DMM公司没有上市，但是据说企业市值已经超过了4000亿日元，可以称得上是与日本二手交易平台"煤炉"（mercari）齐名的独角兽企业。现在DMM公司每年的销售额大约是多少日元呢？

龟山敬司：DMM公司每年的销售额大约为2200亿日元。

Q2. DMM公司有多少员工？

龟山敬司：这几年，DMM公司一直在收购其他公司，所以，我不知道员工具体人数，差不多有4000人吧。除了日本东京以外，在石川县、北海道地区、冲绳县及日本以外的国家都有DMM公司的员工。

创业的起点

Q3. 您从老家的县立高中毕业之后，是进入了一家簿记❶专科学校学习的吧？

龟山敬司：我当时报了10余所大学，但是都没考上。我当时想以后当一名税务师，于是来到了东京，进入当地的大原簿记学校学习。之后在我通过簿记一级考试，并交了税务师课程学费的第三天，我提交了退学申请，与一个朋友一起计划开了一家唱片租借店。

首先，我们要准备300万日元的初始资金，我和朋友就努力打工攒钱。但是有一天一个偶然的机会我结识了一位在六本木的路边卖首饰的女性，我和她打听到了很多消息，没想到摆地摊卖首饰要比打工赚得多很多。所以，我就和她学习了摆地摊的方法。我把法国的硬币做成耳坠，并且做一些流行动漫人物的钥匙扣，拿到东京的繁华街区兜售。

就这样，我开始了摆地摊卖首饰的生活，并时常出国游玩，这样的生活持续了两三年，在我23岁的时候，我回到了老家石川县帮家人经营生意。白天，我在茶楼里帮忙，晚

---

❶ 簿记：会计的一种记账方式。——译者注

上，我在KTV帮忙，但是，只是单纯地帮忙还是很没有意思的，于是，我从信用社贷款2000万日元开了一家麻将馆，还开了一家当时刚开始流行的台球厅。不过因为我要还很多贷款，也没有从中赚多少钱。

后来，我又开了一家录像带租借店，在我开到第五家店的时候，我经营的所有店每年的收益之和达到5000万日元，我的生活质量也变好了，那时候我26岁。

进军影视行业

Q4. 您当时是如何经营电影录像带销售业务的？

龟山敬司：我经营了一家从事电影版权管理和录像带销售业务的公司。当时，开展销售电影录像带业务的公司很少，我们公司以"随意退货"为条件向全日本的录像带零售店提供电影录像带。实际上我们公司的销售模式就是委托销售，也就是古代的"富山药品销售经营法"❶。比如，我们公司向录像带零售店寄了100盘录像带，这个零售店销售了

---

❶ 富山药品销售经营法：日本富山县的药品商贩从事药品销售的模式。商家在全国各地的药品店中放置药品令其代为销售，每年去药品店中进行一到两次货款结算。——译者注

20盘，退回了80盘，那么，我们公司就获得销售这20盘录像带的收益。这样，我就不需要雇用销售员去做销售推广。我们公司将退回的录像带重新包装并继续售卖，一点都不浪费。

当我们公司的销售网络构建完成以后，开始向零售店免费提供POS机。虽然每台10万日元左右的POS机价格不菲，但是我认为这样做值得。因为原本要收集公司产品销量的信息的话，至少要花费3个月。而我们拥有了POS机之后，每天只需要将总机与电话线相连接，就可以获取用户的消费记录了，并解到公司产品的销售情况。正因如此，我们公司能够更好地了解哪个产品销量更好，之后，我们公司的产品销售量也越来越大。

发布网络视频

Q5. 尽早进行市场数据分析是您成功的原因吧？

龟山敬司：在委托销售的模式下，我们要把商品先放到零售店，我们还要了解商品销售情况。引入POS机的话，我们能够更快获得商品销量信息。而且，零售店也不用担心商品卖不出去会变成积压库存，所以，也就没有理由拒绝我们的POS机。于是，我们的销售网络就越来越大。在各种努力下，我们公司的商品销量要比其他公司多两成，那么，我们会向电影制作公司多支付两成的订货费用。因此，我们公司不通过批发模式，仅靠直销就获得了高收益。

由于我们公司和多家零售店直接往来，因此降低了坏账风险，也更加容易制订资金周转计划。刚刚加入电影录像行业的时候，我们把产品批发给10余家批发商。这些批发商付款很慢。后来，我们通过与1000多家零售店直接交易，分散了风险，业务也十分稳定。

进军外汇交易领域

Q6. 请问您开展外汇交易（FX）业务的契机是什么呢？

龟山敬司：记得有一次，我无意间询问一个在证券公司就职的朋友："最近做什么最赚钱？"他回答说："外汇交易。"外汇交易是什么，我当时一点也不懂。

后来，我上网边查边思考，在我的公司是否可以安装外汇交易系统。于是，我在公司里找到了一名负责人，他愿意去开拓外汇交易业务。他不是金融行业出身，是在其他部门做出了成绩被提拔为负责人的。他去了软件公司，请我的那位朋友为我公司提供外汇交易方面的技术支持，就这样外汇交易事业部成立了。

我到现在都没参与过外汇交易，我也不懂它的交易机制。这项业务能够产生并发展都是那名负责人和帮助我们的那家软件公司的功劳。

人才开拓

Q7. 龟山先生，您会听取公司以外的人对新业务的说明，如果您觉得创意或者想法很不错就会签署业务委托合同并进行投资。"龟直❶"是很有名气的。您能说一下这么做的理由吗？

龟山敬司：等我到了45岁以后，基本就很难想出好的商业点子了。正当我手足无措时，我听说了软件银行学术界（Softbank Academia）项目，这是软件银行的掌门人孙正义先

---

❶ 龟直：意为龟山先生直接管辖的外部人才事业部。——译者注

生为了发掘和培养接班人而开展的一个项目。我想参加这个项目，于是，我提交了申请，并参加了面试。在面试中，我说："我不要工资，请让我在雅虎做电子商务业务。"很遗憾，第一次面试就没有通过。

但是，软件银行学术界却给了我启发。我倒是没想寻找接班人，我只是想从公司外部吸收一些新鲜血液给公司增添活力。所以，我向公司外面传递信号："只要你有好的想法，我就可以给你投资。"现在已经发展成"龟直"了。

截至目前，我一共见了200多人，录用了50多人，到现在就只剩下5个人左右了。爆火的网络游戏"舰KORE"和线上英语会话课都源于"龟直"。

Q8. 您决定投资的关键因素是什么？

龟山敬司：项目负责人的商业规划和人品是十分重要的。想法能否实现是关键因素。如果有人和我说："我想做这件事。"并且，这个人十分热情生动地解释自己的想法。不过，如果这个人没有把想法付诸实践，没有积累相关经验，那只不过是纸上谈兵罢了。我一般不会采纳这种人的想法，因为我不是在征集想法。

两年前，有一个日本大阪环球影视城的水族馆项目负责人找到我，对我说，因为经营体制改革，他负责的水族馆项目很有可能会破产，希望我们公司可以投资他的水族馆项目。当时，我们公司很想做水族馆项目，于是我就采纳了他的想法。

说实话，人只有真正做了才能知道想法可不可行。但是有的人的提案和想法，我一听就觉得不靠谱。"龟直"中的提案，有90%都因为不可行而被我驳回了。剩下的10%，我们公司愿意尝试挑战一下。

在公司尝试的10%的提案中，也不过只有1成成功了。敢于向未知的提案投资的勇气也是难能可贵的。

Q9."龟直"员工的待遇是怎么决定的呢？和其他员工的待遇不同吗？

龟山敬司：首先，我会向带着提案来的人提问："半年时间，你能做到什么程度？"如果我认同他的答案，那么我就会给他相应的钱。如果不认同，那就不会让他做，也不给他商量的余地。

一旦采纳了别人的提案，那么哪项事业能够做多久，都是靠我决定的。比如，线上英语会话项目，该项目原计划是两年内盈利，但是到了第五年，这个项目还是在亏损。不过，我觉得有必要继续坚持下去，所以，公司就对这个项目继续投资。

在"龟直"我们会签订合同，彼此觉得有必要坚持下去，那就继续投资，不然的话就中止。"龟直"的员工工资水平与其他员工相比，还是有很明显的差别。

谷歌也有很多业务部门和工种的员工待遇是无法很快确定的。谷歌每年都会给它物流中心的员工定期涨工资。有的销售类公司设有很多奖励。公司对员工具体的评价方法根据岗位、工作进度、对公司贡献率的不同而各不相同。

判断项目的可行性

Q10．到现在为止，龟山先生您已经开展了很多业务，请问成功的秘诀是什么？

龟山敬司：秘诀就是了解自己的极限，并且接受变化。我在40岁之前是靠自己打拼事业。但是当我过了50岁，就已经跟不上比特币、AI等新兴技术的趋势了。所以我成立了"龟直"，逐渐把权限下放到员工手上。

我认为对于现在的年轻人，给他们钱让他们做事，比对他们指手画脚好得多。最近我们公司收购了一家比利时的职业足球队，我甚至都没见过负责这个收购项目的员工。

以前我都是让员工们跟着我，现在我是让员工们自己做，我检查结果。我现在的想法就是虽然九成项目不成功，但是，剩下那一成项目能够连续10年赚钱就好了。

Q11. 您决定放弃某个项目的标准是什么呢？

龟山敬司：现在，员工做的项目里面，有的项目半年就能看到结果，比如网络游戏。而有的项目要在几年以后才能知道结果。每个项目基本都是按照当时制订的计划进行推进的。这就像是赌博一样，想把输掉的钱赢回来的话，是不能继续大量下注的。但是，在实际执行阶段，我很难做出放弃的决定。因为一旦放弃了这个项目，之前的投资全部成了沉没成本。在项目开始之后，我会让员工们按照自己的想法做。但是，在项目开始之前我会评估这个项目的未来发展情况，如果不行，就不会让项目开展下去。好在现在公司规模大了，即使终止了一个项目，也可以把员工安排到其他部门。这样的话，即使某个员工负责的项目失败了，那么，这个员工只要在下一个项目里面继续努力就好了。

如果项目失败了，负责这个项目的员工会受到降职处分，会让他在新的领导手下重新学习。如果他是一个有实力的员工，就肯定会再次崛起。

打造盈利机制

Q12. 人们都说您采用了大胆的经营手法。在开展新业务的时候您会做出什么样的投资判断呢？

龟山敬司：我看似大胆，实际上是稳健的。ZOZO[1]敢于和亚马逊对着干，"煤炉"也和雅虎公开叫板，但是我不是这样的，我也没有这样的性格。我适合做那种扎扎实实、稳步推进的项目。正因为我没有压上公司的命运进行博弈，所以差不多3年到5年，我公司的项目就会盈利了。

我的看法是为了让公司更好地发展，盈利机制比盈利多少更重要。我们公司不断去挑战新的项目，是因为现有的一些业务已经不能产生巨大的利润了。要在该业务衰退前找到下一个增长点。所以，在互联网发布视频衰退之前，我们公司开始着

---

[1] ZOZO：日本著名时尚购物平台。——译者注

手做物联网、3D打印和虚拟现实（VR）技术等。虽然DVD行业整体衰退，但是我们公司还是能够盈利的。任何行业都是下游公司最先衰败，上游公司会坚持很久的。因此，即使是夹缝行业，如果某个公司在这个行业中做到最好，那我就会去投资。

利用AI与大学合作

Q13. 听说贵公司与日本东京大学和早稻田大学合作，进行AI技术开发和实践应用。这也是您梦想的项目吗？

龟山敬司：开发AI技术与其说是我的一个梦想，它更是社会发展的必然。想象一下，如果20年前我们没有开展互联网业务的话，现在我们会怎么样？现在我们应该也会不得不开展AI业务。当互联网问世的时候，我就觉得它可能会有很大的发展。大部分公司的经营者都觉得，可以请公司外部的互联网公司来做业务。所以，大部分公司在自己的公司里面不会培养互联网技术人员。以电视台和电影公司为例，它们只是拥有各种影视作品，而把和互联网相关的业务委托给外部的互联网公司。

但从现在的结果来看，在互联网行业里十分活跃的是当时的互联网公司和信息技术人才。

如果有的公司认为，公司有解决不了的技术问题就外包给其他公司，那么自己的公司内部绝对不会有新兴技术业务的出现，这也正是因为这类公司没有鼓励大家创新的公司文化。

就我个人而言，我现在连一行代码也写不出来，但是我们公司却有这方面的人才。

AI也是一样，我现在不知道它未来会变成什么样子。但如果我们公司现在开始就好好利用AI，在今后的五六年里，应该可以继续生存发展。因此，我在公司内部成立AI实验室，努力地让AI在我们公司扎根。

硬件初创公司的优势

Q14. 出于上述的理由，贵公司开始经营机器人和物联网业务，对吗？

龟山敬司：我们成立了DMM.make ROBOTS，但是发展得不是很好。现在，我们成立的DMM.make AKIBA被认为是硬件类初创公司的圣地，但是该公司处于赤字状态。

说实话，硬件类的公司其实是很难做的。在信息技术行业有这样一种说法，开发软件是最好的选择。因为从软件公司销售额中扣除市场费用、人员费用和房租，剩下的都是利润。

硬件产品需要批量生产。因此，营销制度以及流通手段都是必需的，这需要大量的运营资金。库存管理等工作都是十分复杂的。

在五年时间里，我们公司为DMM.make ROBOTS和DMM.make AKIBA已经花费了50亿日元，这两个项目仍处于赤字状态。因此，还不能称得上是成功的案例。

但是我们不会立刻终止DMM.make AKIBA，因为这里聚集了大量的创业公司。DMM.make AKIBA在日本秋叶原摆出展台，每年都有总务省和经济产业省的职员们来参观，也有学生在假期来学习，甚至还有其他国家的首脑级人物前来视察。虽然DMM.make AKIBA不能盈利，但是关于它的口碑评价还是很好的，所以我不能裁撤这个公司。

今后会有更多的硬件类初创公司产生，这是一个不争的事实。从这个意义上来看，这家公司会成为一个具有社会意义的地方。这就和小型演唱会是一样的。吉田拓郎和中岛美雪曾经都在小型演唱会场表演过，虽然现在这两位歌手已经成名了，可是歌手在小型演唱会场表演还是不会赚大钱，它只是一个平台而已。

创立免费编程学校"42东京"

Q15. 贵公司收购了HASSYADAI公司，并成立"42东京"项目，面向高中学历的毕业生提供求职援助活动。请您就此事具体说明一下。

龟山敬司：HASSYADAI公司是一家免费教授高中学历的人营业技能，帮助其就业的公司。这个公司原本是20多岁的年轻员工为了教职场新人而开设的公司，我觉得挺有意思的，就把它收购了。高中学历的人如果有好的教育机会也会成为优秀的人才。

"42东京"不是我们的盈利项目，这个项目免费为学生提供编程教学课程，并让学生根据自己的喜好选择工作单位。我们把法国的这种培养模式引进日本。我认为这种培养模式比较好的地方在于学员之间可以相互学习、共同成长。学员之间彼此相互合作，不仅能够提高编程水平还能提高交流能力，这些都在实际工作中必不可少。

虽然这类项目没有盈利，但是，当公司发展到一定程度之后是需要得到社会认可的。我们公司收益的10%都被用于做这种对社会有意义的事。从长远来看，这也是为了维持公司发展的一种投资。

答疑

Q1 ▶ 目前，移动支付技术飞速发展，您有进军FinTech领域的
打算吗？

龟山敬司：现在，我们公司的实力只允许在金融行业做
外汇交易和虚拟货币交易所。有很多风险公司都在做支付和
汇款服务，最终能否取胜都取决于公司的实力，想胜过大型
公司是很难的。

支付和汇款业务是一个很大、很有前景的市场。如
果公司能够获得市场份额，同时也能获取大量的数据，
便可以做成更大生意。但是，为了提高支付和汇款服务
的便捷性，需要有大量的用户和加盟店，还要在前期投
入巨额的广告费用。一些综合性大公司做支付和汇款业
务不为盈利，而更看重从中获取的数据。只有能够充分
利用数据的公司才能在这个行业里生存下去。

DMM公司曾经做过线上英语对话和移动虚拟网络
运营商（MVNO）低价电话卡行业。DMM公司当时的
计划是即使这两个项目不能盈利，但只要获取一定数量
的用户也是可以的。换句话说，不以某个项目为盈利目
的的公司才是具有绝对优势的。随后，DMM公司的支

付业务的规模逐渐扩大。

DMM公司会做一些在夹缝行业中收益率高的业务。从公司的交易额和用户数量方面来看，DMM公司是无法进军电子商务领域的。在电子商务领域，乐天和雅虎等综合型平台是比较有实力的。此外，GAFA和日本电报电话公司等对手的竞争力实在是太强了。

Q2 ▶ 您觉得银行未来会发生什么变化？

龟山敬司：在非洲的许多国家，很多人都没有银行账户，所以这些国家很有可能会直接进入电子货币发展阶段。因为对普通人来说，银行是没有存在必要的金融机构。除了结算和汇款服务以外，银行还提供融资服务，这项服务也很可能会被非银行公司代替。

亚马逊、乐天、雅虎等公司基本都为其商店提供贷款服务。上述公司使用AI分析用户的个人信息，店铺融资会更有效率。因此，银行提供的服务中，除了机构大额融资服务和不动产担保服务，其他服务都会很快发生变化。

Q3 ▶ 贵公司在人才培养事业上的投资不断增加，关于教育方针您有什么想法？

　　龟山敬司：DMM.make AKIBA和"42东京"看起来都像是人才培养平台。我认为能够提供一个让人们聚集在一起学习的地方就好，就像是提供一个公园，我们不明确教育指导的方法和方向，让人们在这个地方自行学习。人们会在这个地方交到新朋友，学到新东西。

Q4 ▶ 请您讲一下贵公司的理念和责任。

　　龟山敬司：简单来说，公司就是把年轻人培养成才，并让他们赚钱的地方。最好是能把总公司做成控股公司，让大量子公司拥有自己的独立权限，而总公司则一直作为一个开发新事业的平台。

　　我们公司不是根据一个公司理念建成的大金字塔，而是一座座有各自理念和文化的小金字塔。在大金字塔的管辖下，各个小金字塔都会受相同文化的影响，很难创造出新的东西。因此，要让各个小金字塔有各自的理念。

　　由已经成熟的公司投资新公司。等成熟的公司衰退时，之前的新公司会接纳成熟公司的员工。我想做成这样一个健全的生态系统。

Q5 ▶ 现在贵公司的销售额是2200亿日元，员工数为4000人，请问您是在什么时候进行什么程度的投资呢？

龟山敬司：基本上，公司的税后收入都会用于投资。这个做法和亚马逊是一样的。当公司已经盈利时，适当地做一些优惠促销活动，或者投资文娱行业，只增加销售额却不增加收益，我认为这才是公司的正常状态。公司不应该一味地追求赚钱，保证下一年的销售额可以增长就可以了。公司先是要不断进行投资。我认为，能做到上述这一点的公司才是最强的公司。

我到了50岁，感觉自己的事业有点受阻了，主要原因就是之前投资的公司都接近成熟，能够稳定地产出收益了。公司利润是增长了，但是却没有能投资的领域了。我们公司内部也没有新的想法，所以公司赚到的钱就不断地存进了保险箱里。

我一直认为"钱放着不用就会发霉"，现在，公司不投资看似没有任何问题，但是，公司要想10年后还能立于不败之地就必须进行投资。所以，产生了"龟直"。

如果我们对投资的新公司放置不管，新公司会逐渐落后。假设日本的经济增长率是1%，在这种情况下，努力经营的公司的营业收入增长率会达到5%~10%，营业收入增长率达不到1%的公司要比营业收入快速增长的公司更快丧失竞争力。有句话这样说，一半的公司会在竞争中失败。在公司开始丧失优势时，才采取应对措施为时已晚，员工的热情也很难调动。所以，公司要在能够盈利的时候将收益用于投资。

人们经常称我为野心家，其实我进行各种投资不是为了扩大公司规模，只是想让公司能继续存活下去。

Q6 ▶ 领导层员工有多少人？

龟山敬司：我们公司拥有领导权和裁决权的员工有100人左右。我直接管理的员工有大约10人。最初成立公司时，有10人由我直接管理，公司做大了，有100名员工时，还是10人由我直接管理，现在公司有4000多名员工了，仍是10人由我直接管理。因为我不会说太多的话，所以这些和我有密切交流的人只有10人。起初，公司培养的一个管理者可以管理10人，后来，一个管理者可以管理100人，公司的人数不断增多，一个管理者管理的员工数量也在发生变化。假如某个管理者犯了很大的错误，我也仍会考虑到他曾经为公司做了很大的贡献，给他安排一个合适的职位。即使行业变了，我们公司还是最大限度地维持终身雇佣制度。优秀的销售人员在任何部门都能把产品卖出去，好的会计人员在任何公司都能做好工作。我认为量才任用是一个公司经营者的基本义务。

Q7 ▶ AI是一个很宽泛的概念，在商业领域您想如何使用AI呢？

龟山敬司：在AI领域，我不想和谷歌、IBM旗下的沃森对抗。我只想思考如何更好地利用AI。20年前不使用互联网的人，现在也会在手机上买卖东西，在油管网上传视频，在谷歌上发布广告了。这其实都是AI发展的结果。

具体来说，公司接收用户投诉的客户服务，目前都是由人来做，如果让现在的AI来做客服的话，回答问题的准确度只达到了80%，当AI回答问题的准确度上升至99%的时候，就可以完全替代人来做客服了。届时所有的客服接线员都会失业。这种情况也会发生在其他行业里，各行各业如何应对这种情况才是大家要考虑的问题。我向AI领域投资也是想更详细地了解AI。

AI与金融可以很好地融合，我还和日本的一些大公司就AI与金融的融合领域谈过合作计划，但是都没有下文。金融工程学在日本没有得到认可，所以，也很难在日本发展。但是，在美国金融工程学作为一门学科受到广泛认可。长此以往的话，日本的金融发展将落后于美国。

Q8 ▶ 在对AI进行投资后，您又发现或者学到了什么吗？

龟山敬司：我感觉AI的发展过程和DMM公司的成长过程很像。

AI回答问题时，给出的不是一种固定的答案，而是根据各种信息给出一个正确概率最高的答案。据说深度学习就是如此。我们并不了解AI给出这个答案的原因，但是，仍然会使用准确率较高的AI解答问题。虽然不知道为什么得出这个答案，先给出一个答案就好。这就和我的经营理念很像。

我的经营理念就是"即使枪法不准，多打几枪也肯定能打中"。如果我认为某个领域的未来发展空间很大，我就先做着试试，在做的过程中召集人手、收集信息。做得比较好的项目就继续做，做得不好的项目就直接放弃。我的这种经营理念和AI很像。

一个项目能够成功，受其商业模式、组织力、资金量、时代潮流等很多因素影响，正因为有很多因素，所以很难把各种因素对成功的影响程度总结出来。因此，我就先做项目，在项目推进的过程中收集信息。当一个项目有一定结果了，再继续加大投资、收集信息。

看似这种方法很是粗糙，但是这就和许多自然现象无法用科学解释一样，都是随机的。在今后不确定的未来里，要用确定的手法来应对不断变化的外部环境十分必要。

另外，随着AI的发展，"人到底是什么"这一个问题又被提出来了。我认为经营者也应该想一想"商业的成功是否是人的成功"。我希望能做出一个不断学习的、不输给AI的公司。

FinTech

篇

"FinTech"是一个合成词，是将"金融"（Finance）与"科技"（Technology）两个单词进行组合而成的，意思是金融科技。

　　一提到FinTech，很多人对它的印象就是在网络或手机上登录自己的银行账号，又或是使用电子货币在超市进行支付等。的确，大家能想到的这些都是FinTech的具体表现形式。但是，现阶段FinTech的发展不再仅限于以往在手机上开展的金融服务，已经进入使用大数据和信息技术来提供金融服务、开发金融产品的阶段。

　　随着金融科技的发展，之前无法接受金融服务的人群也因为能够获得金融服务带来的实惠而开始使用金融服务。伴随着无现金支付技术的发展，人们的生活方式也发生了巨大的变化。

　　因为金融科技的出现，银行存在的意义逐渐减弱，也许最终银行可能会退出历史舞台。不仅如此，由各国中央银行发行、管理的货币也将会失去存在价值。

　　本书不仅会对金融科技进行解释说明，还会谈到世界各国在金融科技方面的发展情况以及金融科技对企业经营的影响等。

　　企业的经营者在理解了金融科技的本质之后应该做出怎样的决定？是应该利用现有平台还是将企业打造成新的平台？做出决定前，请各位经营者参照本书中举出的具体案例。

　　金融科技已经是一个不可回避的话题，如果仍旧对其视而不见，企业的发展将会停滞不前。因此，希望大家能够掌握一些关于金融科技的基础知识。

2020年3月

大前研一

第五章

FinTech
第一线

大前研一

智能手机改变金融服务

技术正在向各个领域渗透，金融领域是被技术渗透最为深入的领域。这时，便诞生了FinTech一词。

FinTech并没有止步于利用智能手机为人们提供常规的金融服务，它也在尝试为人们提供新型的金融服务。其结果是，即使曾经没有使用过金融服务的人也开始受益于基于FinTech的金融服务。比如，移动支付技术改变了人们的生活。目前，无现金支付现象在世界各地都可以看到，特别是新兴发展中国家。受FinTech的影响，新兴发展中国家实现了跳跃式发展。

并且，由于FinTech的发展，移动支付越来越普及，区块链技术也开始被应用于金融领域。但是，在日本，移动支付仍然没有得到普及。日本全国银行协会使用信用授权终端（CAT，Credit Authorization Terminal）来统一管理信用卡加盟店，这具有极强的中心化色彩。

放眼全世界，FinTech以适合各个国家和地区发展现状的不同模式向各地渗透。在中国，阿里巴巴和腾讯等信息技术企业利用FinTech为人们提供新型的金融服务，其服务的用户数量达数亿。

在印度，政府启用了具有人体识别功能的身份标识号（ID，Identity Document）识别系统Aadhaar，该系统用于识别个人信息。印度超过13亿[1]的人口中约有11.6亿人已经在Aadhaar上完成注册，已经完成注册的人可以在印度的金融机构利用该ID识别系统进行简单的身份证明，并开通金融账户。印度的莫迪总理废除了1000卢比[2]和500卢比的大面值纸币，因此，印度的银行存款额和账户数量增加。由此看来，社会的无现金化趋势越来越明显。甚至在印度一些没通水电的地区，人们也在使用移动支付。

众所周知，北欧是无现金化程度较高的地区，而瑞典是北欧无现金化程度最高的国家。瑞典一半以上的国民都在使用移动支付软件"Swish"。由于瑞典人口数量大约只有1000万[3]，且国土面积小，所以其影响程度有限。东欧的爱沙尼亚也是很早就开始普及无现金支付的国家，该国人口数量大约只有130万[4]，所以，对世界的影响也是微乎其微的。

由于美国的大部分人仍习惯使用信用卡支付，因此移动支付在美国的发展十分缓慢。但是，人们使用信用卡相当于先向

---

[1] 2020年统计数据显示印度有13.68亿人。——译者注
[2] 卢比：印度使用的货币名称。——译者注
[3] 2020年统计数据显示，瑞典约有1037万人。——译者注
[4] 2020年统计数据显示，爱沙尼亚约有132.65万人。——译者注

银行借款进行消费，之后再还款。而时常会出现人们不能支付信用卡费用的情况，这就是所谓的坏账。这时，就要由信用卡公司代为支付，之后信用卡公司还要花费时间回收款项。所以，信用卡公司要征收消费金额的3%作为手续费。

但是，如果是在人们使用手机支付的情况下，银行会以借记的形式从消费者的银行账户中直接扣款，银行征收的手续费极低。本来，移动支付应该在很早之前就在美国和日本开始普及，但由于它们不愿意放弃信用卡业务所带来的收益，因此移动支付在这两个国家就没能发展起来。因为美国银行的存款利率较高，所以人们愿意先把手里的资金存在银行中，等到信用卡还款日时，再将资金从银行转出。因此，人们不愿意使用借记方式支付费用，这也是移动支付在美国不能普及的一个原因。

如果亚马逊将用户支付方式从信用卡支付改为借记卡支付的话，移动支付也就很有可能很快在美国得到推广。在日本，由于现金支付比较方便，因此无现金化发展很慢。此外，在前面也已经提到了，在日本全国银行协会的影响下，从信用卡支付向移动支付转变的过程更加艰难。而中国人已经习惯使用移动支付了，赴日旅游的中国游客数量很多，鉴于此，日本的当务之急是普及移动支付。不过，在日本，人们使用借记方式支付费用需要通过全国银行协会的系统，并且还要支付一定比例的手续费。要是日本不降低该手续费率，还是很难普及移动支付的。

日本应该解决的FinTech问题

FinTech在今后将如何改变世界？中国的阿里巴巴和腾讯等信息技术企业将利用FinTech促进世界金融市场的发展。如果阿里巴巴要在日本开展业务的话，那么，手机支付会立刻在日本推广开来。并且，阿里巴巴只要在日本收购一家地方性小银行就可以在日本开展手机支付业务。在日本，地方性小银行和大银行一样使用全国银行协会的系统。

亚马逊凭借自身的雄厚财力成立了资产管理基金（MMF，Money Management Fund），鼓励其用户注册基金账户。用户在亚马逊进行消费时，亚马逊可以从用户的基金账户上扣费。这样的话，日本亚马逊的用户就可以不通过全国银行协会的系统也能以借记的方式进行支付。亚马逊可能会受到来自日本金融厅的压力，但是只要亚马逊想做，便没有什么不可能的。此外，还有连我和Viber❶等社交平台也在积极尝试参与到

---

❶ Viber：跨平台通信软件。——译者注

FinTech领域中。

现阶段，日本企业各自引入了**PayPay❶**和连我支付❷等无现金支付方式。但是，目前日本还没有出现统一的无现金支付平台，甚至连雏形都没有看到。所以，日本企业要想继续在FinTech领域耕耘，要先明确一个问题，是自己打造支付平台，还是利用其他支付平台？

技术改变了以往的金融服务

金融与技术的融合就是FinTech（见图5-1）。

金融服务包括融资、汇款、支付、存款、投资、保险等。技术包含大数据、AI、移动技术、区块链、应用程序接口等。将上述两者的要素组合在一起的业务与服务包括移动支付、网络借贷、股权众筹、网络银行、智能投顾、虚拟货币等。FinTech领域的业务和服务主要分为五大类：支付类、筹融资类、资产管理类、汇款类、虚拟货币类。

随着FinTech的发展，以往的金融服务基本上都会被与技

---

❶ PayPay：日本软银与雅虎共同出资打造的二维码支付软件。——译者注
❷ 连我支付：连我与星巴克共同推出的移动支付软件。——译者注

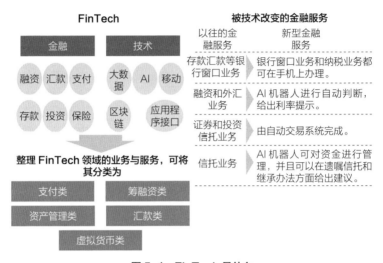

图5-1 FinTech 是什么

术相结合的新型金融服务替代。

比如，在银行业务中，银行窗口提供的存款、汇款等业务，用户可以在手机银行客户端办理；纳税业务可以由虚拟柜员来办理；融资和外汇业务将由AI机器人来完成；证券和投资信托销售业务将由自动交易系统来完成。与技术相结合的新型金融服务将成为主流。AI机器人也可以针对信托业务管理等给出意见。

正如比尔·盖茨所说："在未来，银行业务是必需的，而银行不是。"这样的话，银行就难逃倒闭或者被拆分的命运。有一种说法是：到2025年，银行的收益率将减少10%~14%。我个人认为银行是十分没有效率的，所以，在我看来，银行的收益率减少100%都不奇怪。

世界范围内，对FinTech领域的投资都在持续增长（见图5-2）。从投资额前10名的企业来看，中国企业有5家，美国企业有3家，中美两个国家尤为突出（见表5-1）。而且，中美两国

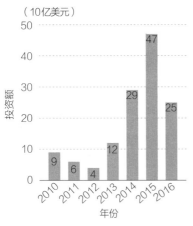

（10亿美元）

图 5-2　2010—2016 年金融科技公司所获的全球投资总额

表 5-1　2017 年金融科技公司所获投资额排名前 10 名

排名	国家	企业名称
1	中国	蚂蚁集团
2	中国	众安
3	中国	趣店
4	美国	Oscar❶
5	美国	Avant❷
6	中国	陆金所❸
7	德国	Kreditech❹
8	英国	Atom Bank❺
9	中国	京东金融
10	美国	Kabbage❻

❶ Oscar：美国位列第一的保险科技公司。——译者注
❷ Avant：美国一家线上借贷公司。——译者注
❸ 陆金所：全称上海陆家嘴国际金融资产交易市场股份有限公司，全球领先的线上财富管理平台。——译者注
❹ Kreditech：德国信贷领域金融科技公司。——译者注
❺ Atom Bank：英国第一家数字银行。——译者注
❻ Kabbage：美国一家互联网信贷机构。——译者注

在FinTech领域方面的论文发表数量和专利申请数量方面也具有压倒性优势。

FinTech在世界范围发展的原因

一方面原因在于供给方的技术进步。最近几年，智能手机、AI、大数据等给金融行业带来巨大影响力的几项新技术逐一登场，区块链技术的出现使去中心化金融成为可能。

另一方面原因在于需求方（用户）的变化。需求方发生变化是由于"千禧一代"的登场。我们将1980年到2000年出生的人称为千禧一代。智能手机在千禧一代的生活中扮演着不可或缺的角色。他们中的大部分人通常在手机上购物，手机成了他们购物行为的入口，这推动了FinTech的发展。

此外，如果我们使用智能手机进行借记支付的话，就可以免去信用卡支付的信用审查流程。在美国，大约有4500万人没有自己的信用评分，致使他们无法通过信用审查。所以，如果这些人能够使用智能手机进行借记消费的话，只要他们的银行卡中还有余额就可以进行消费了。

2014年《全球金融包容性指数》显示，世界上没有银行账户的成年人达到了20亿人，得不到资金支持的发展中国家的中小企业大约有2亿家。如果非银行机构能够向这些人和企业提供金融服务的话，那么，金融普惠性（Financial Inclusion）就会增强。

FinTech的发展不仅会使以前不能获得金融服务的人获得金融服务，也使人们的生活发生了巨大变化。此外，零售业、物流业、服务业等行业的商业模式也发生了变化，共享经济应运而生。人们在家中就可以用智能手机在网上购买适合自己的衣服，可以在手机上下单订购日用品、生鲜食品等，这一切都归功于FinTech。

呈蛙跳式发展的手机支付

社会基础设施建设发展缓慢的发展中国家不走发达国家技术发展时期的路线，发展中国家利用新兴技术优势，在较短时间内，接近甚至赶超发达国家发展水平的现象被称为蛙跳式发展（leapfrog）。

蒸汽机诞生于英国，随后人类社会迎来了电气时代，美国、德国、日本利用在电气领域的发展优势一举超越了英国。

在较早时期，固定电话在发达国家得以推广。但是，到了移动时代，新兴发展中国家在移动电话和智能手机方面的普及相较于发达国家更早。

目前，信用卡支付等支付方式在发达国家很流行，而移动支付等新兴技术在发展中国家的发展更为迅速，如图5-3所示。

以移动支付为中心的无现金社会的到来已经成为世界级现象。日本的智能手机普及率仅为59%，这样的普及率在世界范围内绝不能算是高的（见图5-4a）。另外，流通中的现金余额占名义国内生产总值（GDP）的比重为19.96%，这个数字十分突

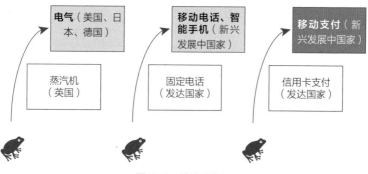

图 5-3 蛙跳式发展

出，也就是说，在日本的主要支付方式仍是现金支付，这使我们不得不承认日本的无现金化进程发展十分缓慢（见图5-4b）。而日本的邻国中国可以称得上是瞬间步入无现金社会。

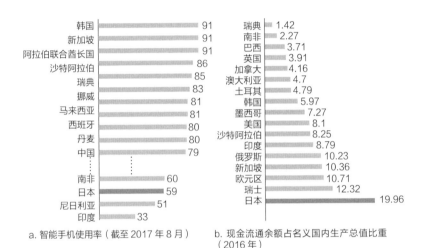

a. 智能手机使用率（截至 2017 年 8 月）

b. 现金流通余额占名义国内生产总值比重（2016 年）

图 5-4　在世界范围内出现的以智能手机为中心的无现金社会

区块链应用于金融交易

环球银行间金融通信协会（SWIFT）等现有银行结算系统是从终端收集数据、交易台账，并由相关主管部门进行管理的中心化系统，如图5-5所示。因此，现有的中心化系统需要有

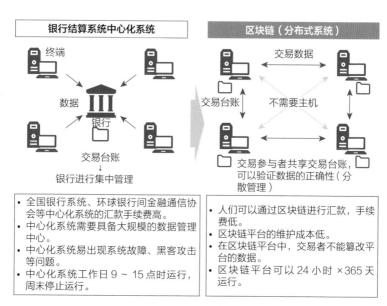

图 5-5　金融交易管理

大规模的数据管理中心，同时，中心化系统还经常会出现系统故障，经常遭受黑客攻击，它的运行时间也有限制，通常为工作日的9点到15点，周末停止运行。

随着FinTech的发展，金融交易由中心化系统转移至分布式系统区块链。这样的话，人们进行金融交易就不需要主机[1]了。在区块链平台进行金融交易的各个交易者共享交易台

---

❶ 主机：中心化系统中存储客户数据的机器。——译者注

账，共同验证交易信息的准确性。人们可以在区块链平台上进行汇款，不用花费汇款手续费，同时，区块链平台的维护费用也十分便宜。由于区块链去中心化的特点，人们想要篡改交易数据基本是不可能的，而且在区块链平台进行交易不受时间限制，用户全年都可以进行交易。

区块链技术应用于金融交易在理论上是可以实现的，而且人们也已经在进行相关试验，但是在重现性和真伪鉴别方面都堪称完美的技术还没有被开发出来。

相对于各国央行发行的货币，不受国家和各国央行管理的虚拟货币备受关注（见表5-2）。主要的虚拟货币是比特币。此外还有以太坊、瑞波币（Ripple）、比特币现金、企业操作系统（EOS）等。

虚拟货币的特征列举如下：充当支付手段（货币价值的转移）、具有流通性（可交换性高）、不需要国家支持（代替法定货币）等。

现阶段，人们进行虚拟货币交易的主要目的是进行投机和资产转移。今后，虚拟货币可以在国际汇款业务方面发挥一定的作用，本国货币贬值风险较大的发展中国家对于虚拟货币应该会有很大的需求。

虚拟货币有四大风险：1. 价格变动风险，虚拟货币价

表 5-2　虚拟货币的种类与概要

排名	币名	市值（万亿日元）	概要
1	比特币	16.9	比特币是虚拟货币中的主要货币，投资者多是先购买比特币，再购买其他虚拟货币
2	以太坊	7.3	以太坊是一个具有智能合约功能的公共区块链平台
3	瑞波币	3.6	瑞波币可用于国际汇款
4	比特币现金	2.5	比特币现金网络大量交易
5	企业操作系统	1.7	企业操作系统是商用分布式应用设计的一款区块链操作系统
6	艾达币（Cardano）	1	艾达币是分散型平台
7	莱特币	0.9	中国出现的第二种虚拟货币
8	恒星币（Stellar）	0.9	恒星币在全球范围内为用户提供快速、低价、安全的跨境汇款服务
9	波场币（TRON）	0.7	中国首个娱乐内容共享平台
10	埃欧塔（IOTA）	0.6	埃欧塔是不需要区块链的虚拟货币

格变动幅度大。2. 信用风险。3. 虚拟货币交易所风险，虚拟货币交易所存在信息泄露、黑客攻击等风险。4. 管理风险，用户管理私钥不当，导致私钥被盗。2014年在"门头沟❶"（MTGOX），2018年在Coincheck❷都出现了虚拟货币被盗事件。

---

❶ 门头沟：日本东京的比特币交易商。——译者注
❷ Coincheck：日本最大的虚拟货币交易所之一。——译者注

中国独特的移动支付

在中国，传统的银行业务和信用卡支付并没有普及，这直接影响到移动支付的发展与普及，如图5–6a所示。

现在，在中国比较受欢迎的支付平台是支付宝和微信支付，人们只要有智能手机就可以下载使用。人们使用支付宝和微信支付时，可以用二维码、指纹或者人脸识别的形式进行支付。商家只要提供收款二维码，消费者就可以通过扫收款二维码支付费用，不需要支付高额的手续费。

而在日本，有很多支付方式并存，其中包括苹果支付、Square❶、连我支付等。消费者要根据不同商家的要求使用不同的支付方式。常见的支付方式包括扫描二维码、接触式IC卡、磁卡、智能手机应用等。个人和公司可使用信用卡、借记卡、电子货币等进行支付结算。信用卡支付的手续费高达3%~4%（见图5-6b）。

我们看一下金融研究机构"轻金融"发布的2017年中国主要FinTech公司（见表5–3）。百度系、阿里系、腾讯系和平安系的公司有9家之多。阿里巴巴、腾讯和中国平安保险共同

---

❶ Square：美国一家移动支付公司。——译者注

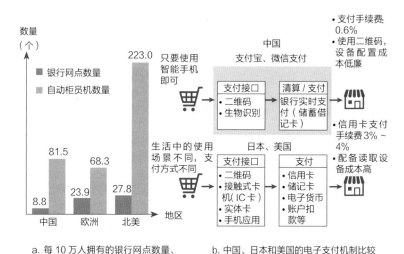

a. 每 10 万人拥有的银行网点数量、
自动柜员机数量（2017 年）

b. 中国、日本和美国的电子支付机制比较

图 5-6　移动支付的发展

促进中国的FinTech发展。

表 5-3　2017 年中国主要的 FinTech 公司

排名	企业名称	概要
1	京东金融	京东金融是京东的金融分公司，京东的第一大股东为腾讯
2	蚂蚁集团	蚂蚁集团是阿里巴巴旗下科技公司
3	财付通	财付通是腾讯在 2005 年 9 月推出的移动支付平台，为互联网用户和企业提供移动支付服务
4	百度金融	百度金融是百度在 2001 年成立的金融公司。该公司的部分金融产品年化收益率达 8%

续表

排名	企业名称	概要
5	微众银行	2015 年，微众银行成立于深圳，为腾讯的中国首家民营银行。微众银行是无实体店铺的网上银行
6	陆金所	2011 年，陆金所在上海成立，与平安科技同为平安集团的子公司
7	平安科技	平安科技研发 AI 产品，为平安集团各部门提供 FinTech 开发服务
8	银联商务	银联商务是中国银联旗下的金融公司，着力改善银联卡受理环境等
9	网商银行	网商银行是阿里巴巴旗下公司，无线下网点的网上银行，开发各种金融产品
10	宜信	宜信是 2006 年成立的小额金融、财产管理、信息服务机构，投资多家 FinTech 公司

■ 平安系　■ 腾讯系　■ 百度系　■ 阿里系

支付宝（阿里巴巴）

阿里巴巴的移动支付平台是支付宝，如图5–7a所示。当用户使用支付宝进行支付时，支付数据作为个人信息存储在支付宝数据库中。支付宝信用评价系统"芝麻信用"会将全部支付信息变为分数，以此来决定用户的信用分数，如图5-7b所示。信用卡公司通常会以用户的年收入、固定资产价值等自我申报

135

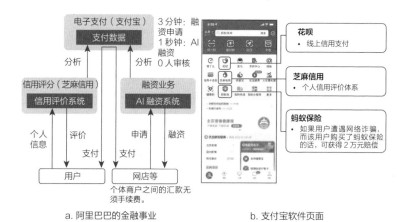

图 5-7　阿里巴巴的 FinTech 业务

数据作为信用评分标准。支付宝的芝麻信用则以用户每次的支付情况作为评分标准。芝麻信用的评分达到900分的用户被视为信用度很高的用户，可以享受多种优待服务。相反，300分以下的用户被视作"不可信赖的人"，他们在使用支付宝服务时会受到诸多限制。

　　此外，支付宝也经营贷款业务。网店经营者可以使用手机提交贷款申请。支付宝通过AI对申请人做信用评分，瞬间便可决定融资金额。因此，支付宝实现了快速贷款，用户花3分钟做贷款申请，支付宝用1秒钟进行审查，无人化审批。

　　支付宝也在运营其资产管理基金"余额宝"。用户可在支付宝上购买余额宝基金，该基金1元起购。余额宝可以作为银行存款业务的替代型金融产品。同时，用户在购物时也可以直接使用余额宝中的资金进行支付。

阿里巴巴用支付宝开展了支付、融资、存款这3项业务。

阿里巴巴原本是经营B2B电子商务业务的，后来发展出了多项业务。天猫经营B2C电子商务业务，淘宝网经营C2C电子商务业务，阿里云开展云端服务。阿里巴巴在集团内部成立各种子公司，逐渐扩展业务范围，如图5-8所示。此外，在金融

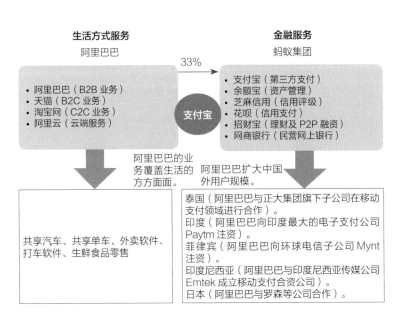

图 5-8　逐渐扩大的阿里巴巴商业圈

服务领域，支付宝提供第三方支付业务，余额宝提供资产管理业务，芝麻信用提供信用评级业务，花呗提供信用支付业务，招财宝提供理财和P2P融资业务，网商银行开办民营网上银行等，基本已经覆盖了人们生活的方方面面。此外，阿里巴巴还与印度、菲律宾、印度尼西亚、日本等国家的公司进行合作，扩大其用户规模。

微信支付（腾讯）

腾讯的支付平台微信支付也应用于生活的各个领域中。

对比支付宝和微信支付两个支付平台的用户人数，据南方财富网报道，2020年支付宝的注册用户数约10亿，而微信支付的注册用户数约11亿。腾讯原本运营了社交软件"微信"，由于微信支付与微信绑定，因此微信支付的用户数相比支付宝多。

腾讯是中国电子商务龙头企业京东的第二大股东，也是打车软件"滴滴出行"的股东。

移动支付技术与生物识别技术被应用于生活的各个领域，应用实例包括无人便利店、无人超市、地铁进出站的人

脸识别、高速公路收费站的车牌识别等，如图5–9所示。在杭
州的肯德基，人们已经可以使用人脸识别技术（刷脸）进行支
付了。

现在，世界上主要的P2P借贷企业有陆金所、点融等。
陆金所在世界四大会计师事务所之一的毕马威（KPMG）公布
的2017年世界主要FinTech公司排名第6。点融是美国P2P公司
LendingClub的创始人之一苏海德创立的（见图5–10）。

无人便利店"快猫"（Take Go）	无人便利店"缤果盒子"（BingBox）❶	机动车自动销售机	地铁进出站
手掌识别。	二维码。	通过人脸识别、芝麻信用评分实时提示用户机动车贷款条件。	人脸识别。

零售店"7Fresh"	高速公路收费站	智能卫生间	智能餐厅
用户可使用现金、微信支付、信用卡、人脸识别技术进行支付。	识别车牌（与支付宝绑定）。	人们可在卫生间内使用智能镜子体验虚拟化妆，用户可在天猫购买智能镜子显示的商品。	用户可在杭州的肯德基进行刷脸支付。

图 5-9　中国移动支付、生物识别应用案例

❶ 缤果盒子：全球第一家可规模化复制的24小时无人值守便利店。——译者注

> **陆金所**
> - 陆金所在毕马威发布的 2017 年世界 FinTech 公司排行榜中位居第 6。
> - 陆金所隶属于平安集团。
> - 陆金所在扩大 P2P 借贷业务。
> - 陆金所在大规模融资后转型为综合性金融公司。

> **点融**
> - 点融由美国 P2P 金融公司 LendingClub 的创始人之一苏海德创立。
> - 点融投资了新加坡政府基金、欧力士、中国中信集团。

图 5-10　世界主要 P2P 借贷公司

印度、北欧、美国、日本的支付系统

印度

此前，印度一直存在以下几个问题：

1. 大量的印度人因为没有身份证而不能在银行开账户。

2. 互联网基础设施建设缓慢、智能手机普及率低。

3. 现金依存度高，地下经济发达。

2014年5月，纳伦德拉·达摩达尔达斯·莫迪就任印度总理，推行"莫迪经济学"政策，其中的重要内容包括导入印度国民ID识别系统"Aadhaar"，推出数字印度政策构想，以及实行废除大面值纸币政策。实行"莫迪经济学"政策的结果是印度的移动支付得到了空前发展，印度成为仅次于中国的

FinTech大国（见表5-4）。

印度的主要FinTech公司有Paytm、Fingpay、FRS Labs等（见图5-11）。然而，印度的互联网和智能手机的普及率远不如中国高，电子商务等新兴技术发展缓慢。不过，印度在今后有很大的发展空间。

表 5-4　各国（或地区）金融领域 FinTech 导入率

汇款·支付		资产管理		储蓄·投资		借款		保险	
中国	0.83	中国	0.22	中国	0.58	中国	0.46	印度	0.47
印度	0.72	巴西	0.21	印度	0.39	印度	0.2	英国	0.43
巴西	0.6	印度	0.2	巴西	0.29	巴西	0.15	中国	0.38
欧州	0.59	美国	0.15	美国	0.27	美国	0.13	南非	0.32
英国	0.57	中国香港	0.13	中国香港	0.25	德国	0.12	德国	0.31

- Paytm 是移动支付大型公司。软件银行和阿里巴巴都投资了该公司。
- Fingpay 是银行服务平台。
- FRS Labs 提供移动支付安全服务。

- 印度的互联网和智能手机的普及率远不如中国高。
- 印度还没有出现阿里巴巴这样的科技巨头。

图 5-11　印度 FinTech 导入情况

北欧

2012年，瑞典的移动支付应用程序"Swish"快速发展，现在，在瑞典已经很难看到现金了（见图5-12）。

瑞典虽然是欧盟成员国，但是并没有加入欧元区使用欧元，而是使用本国的传统货币瑞典克朗。因此，瑞典更易于推行移动支付，并且，瑞典政府在积极推行"无现金化"（见表5-5）。

主页面   ⬇   支付   ⬇

银行账号   ⬇   签名   ⬇

- **什么是 Swish？**
- Swish 是瑞典在 2012 年 12 月开始的一项服务。
- 瑞典主要银行参与。
- 用户可以在智能手机等终端安装应用程序，支持转账、支付等功能。

图 5-12　瑞典的 Swish 应用程序

表 5-5　支付手段使用率

支付手段	2010 年	2012 年	2014 年	2016 年
现金	94%	93%	87%	79%
借记卡	91%	94%	93%	93%
信用卡	27%	29%	31%	32%
Swish	—	—	10%	52%
网上银行	53%	48%	57%	57%

瑞典的银行面向该国7岁以上的公民发行借记卡，所以，该国97%的公民都持有借记卡。这也是瑞典移动支付能够普及的一个重要原因。

美国

从图5-13a的柱状图中我们可以看出美国与中国在移动支付领域的巨大差距。在无人店铺的数量方面，中国京东的无人

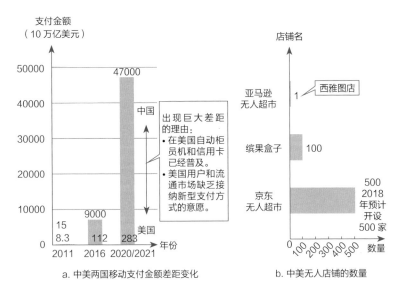

a. 中美两国移动支付金额差距变化　　b. 中美无人店铺的数量

图5-13　中美移动支付与无人店铺

店铺有500家、缤果盒子的无人店铺有100家。在美国西雅图只有一家亚马逊无人超市，如图5-13b所示。

　　美国的移动支付发展停滞不前的原因是美国的信用卡和自动柜员机的普及率很高，以及美国人的支付模式已经固定。美国的信息技术公司基本都拥有FinTech领域的主要技术，但是和中国的信息技术公司所掌握的技术相比根本不值一提。

　　接下来，我们看一些具有代表性的FinTech公司和信息技术公司。

亚马逊在支付业务方面处于领先地位，但亚马逊支持的支付方式以信用卡支付为主。谷歌在技术开发方面处于领先地位，但是却没有自己的支付平台。苹果公司虽然有苹果支付，但是其用户注册流程非常烦琐。Paypal❶支持的支付方式包括信用卡支付和Paypal余额支付，并且手续费特别高，Square也是如此。其他的FinTech公司大部分都是经营单一业务的，比如AI投资图像识别、资产管理等。

中国的支付宝和微信支付的用户既可以使用二维码、IC卡、磁卡等支付工具进行结算和支付，也可以使用信用卡、借记卡等进行结算和支付。美国的谷歌和Square也有相应的技术，但它们没有自己的支付平台。亚马逊在网购、物流和支付领域处于领先地位（见图5-14）。

日本

日本的金融服务行业一直应用霞关❷主张的全国银行系统、信用授权终端、J-Debit❸等金融系统，大型金融机构的发展也只遵循政府的命令，如图5-15所示。

---

❶ Paypal：总部设在美国加利福尼亚州圣荷塞市的在线支付服务商。——译者注
❷ 霞关：日本中央政府机关集中地区。——译者注
❸ J-Debit：将银行系统与加盟店终端连接起来。——译者注

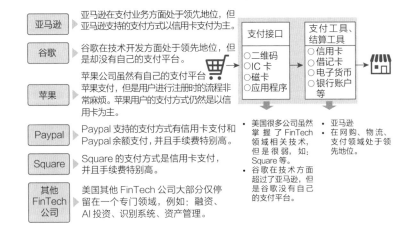

美国信息技术公司、FinTech
公司存在的问题

美国信息技术公司的 FinTech 业务与
中国信息技术公司的 FinTech 业务的区别

各类 FinTech 技术未整合   亚马逊有成为金融机构的可能

图 5-14 美国的 FinTech 公司

2010年前后，Coiney❶、Freee❷、Moneyforward等FinTech公司陆续登场。但是，日本没有一家FinTech公司能够像中国大型科技公司那样涵盖从电子商务到移动支付等领域。

在日本，也有利用信息技术开展金融服务的公司——乐天

---

❶ Coiney：日本一家移动支付初创公司。——译者注
❷ Freee：日本会计软件服务公司。——译者注

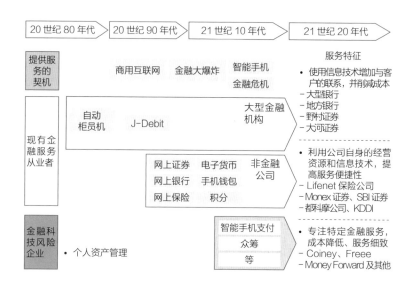

图 5-15　日本使用信息技术改善金融服务的历程

和连我公司❶。乐天使用AI分析在电子商务业务中积累的数据，以此来强化金融服务。乐天使用会员卡、积分和Edy❷来推行无现金化支付。2019年，乐天进军移动电话行业，乐天覆盖的业务范围进一步扩大。

连我公司在2016年成立了连我移动（LINE Mobile）业

---

❶ 连我公司：该公司以即时通信应用程序"连我"为基础，致力于即时通信、内容、娱乐等手机特色服务的开发和运营。——译者注
❷ Edy：非接触型IC卡。——译者注

146

务部门，开启了仅次于表情包和广告的新业务。同时，连我公司也成立了主营资产管理、虚拟货币、贷款、保险等业务的连我金融（LINE Financial）业务部门，并开发了主营汇款、支付业务的软件连我支付，连我公司还在不断探索新的业务内容。但是，连我公司并没有将这些业务部门联合在一起形成一个经济圈。连我金融使用区块链技术开展金融服务。

在日本，很多年轻人即使生活上没有富余也会去消费，能够维系生活的FinTech服务得以推广（见图5-16），造成的结果是年轻人没有存款，二十几岁的单身青年有6成是零存款状态。

人们可以利用"煤炉"、CASH❶将不需要的东西转卖变现。即使人们手头上没有现金，也能够在PayDay、ZOZOTOWN上购物。从朋友或者同事募集资金的平台CAMPFIRE、POLCA和自动存储零钱平台的Sira Tama、Fin-bee等都是具有代表性的服务平台。

---

❶ CASH：日本二手商品即时收购应用程序。——译者注

将不需要的东西变为现金的平台		向朋友·同事募集资金的平台	
"煤炉"	"煤炉"是将二手商品卖方和买方进行匹配的交易软件。	CAMP FIRE	日本国内最大的面向个人的筹集资金服务平台。
CASH	CASH 用户对物品进行拍照瞬间，CASH 会评估并显示物品价格。CASH 支持的支付方式是现金支付。	POLCA	POLCA 是指用户从朋友手里获取资金的筹集资金软件。POLCA 设定的最低出资额为300 日元起。

现在没有现金也能购物的平台		自动储蓄零钱的平台	
Payday	Payday 给其用户提供仅用电话号码和邮箱地址就可以进行购物的支付服务。	Sira Tama	SiraTama 是 Moneyforward 旗下的小额现金储蓄平台。可进行公积金储蓄，零头存款。
ZOZO TOWN	ZOZO TOWN 以 5.4 万日元为支付上限，用户可在确认收货后付款。	Fin-bee	Finbee 用户可设定存款的目的和目标金额，之后，用户的零钱和不足整额的零头会根据不同的规则自动储蓄。

根据工作量，事先获得报酬	
Payme	Payme 与签约公司的考勤系统相连接，公司可按天计算支付数额，用户可事先获得收入。

- 零储蓄的家庭占日本家庭总数的 30%，二十多岁的年轻人有 6 成零储蓄
- 人们工资减少、无法存款。

FinTech 将年轻人与低收入者拉回消费市场，被戏称为"贫"融科技。

图 5-16　面向个人的 FinTech 服务

10年内裁员32000人的做法是否过于天真

FinTech公司从事银行的三大业务——支付、储蓄、融

资（见图5-17）。如果FinTech公司替代或切割银行的三大
业务的话，银行也会有危机感。三菱UFJ银行、三井住友银
行、瑞穗银行这些日本国内的三大银行开始进行大规模的裁
员。根据日本经济新闻的报道，这三家银行将在未来10年减

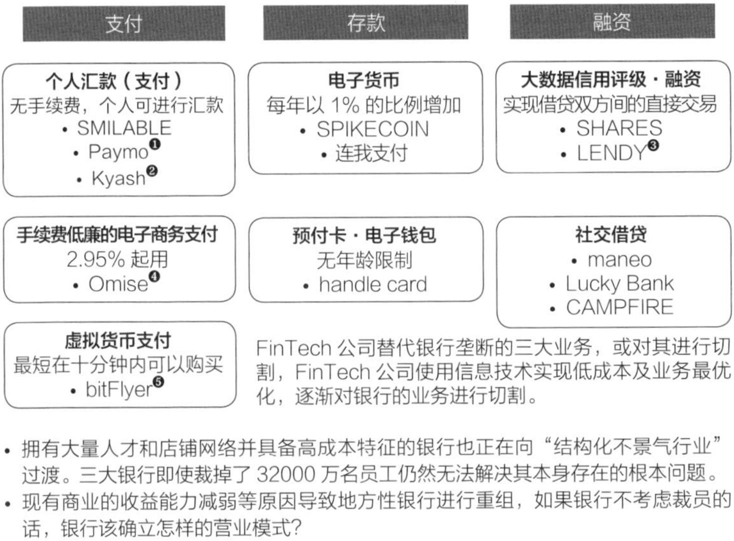

支付	存款	融资
个人汇款（支付） 无手续费，个人可进行汇款 • SMILABLE • Paymo❶ • Kyash❷	**电子货币** 每年以 1% 的比例增加 • SPIKECOIN • 连我支付	**大数据信用评级·融资** 实现借贷双方间的直接交易 • SHARES • LENDY❸
手续费低廉的电子商务支付 2.95% 起用 • Omise❹	**预付卡·电子钱包** 无年龄限制 • handle card	**社交借贷** • maneo • Lucky Bank • CAMPFIRE
虚拟货币支付 最短在十分钟内可以购买 • bitFlyer❺	FinTech 公司替代银行垄断的三大业务，或对其进行切割，FinTech 公司使用信息技术实现低成本及业务最优化，逐渐对银行的业务进行切割。	

- 拥有大量人才和店铺网络并具备高成本特征的银行也正在向"结构化不景气行业"过渡。三大银行即使裁掉了 32000 万名员工仍然无法解决其本身存在的根本问题。
- 现有商业的收益能力减弱等原因导致地方性银行进行重组，如果银行不考虑裁员的话，银行该确立怎样的营业模式？

图 5-17　开展银行三大业务的风险企业

---

❶ Paymo：日本新兴支付公司。——译者注
❷ Kyash：日本数字银行，提供支付网关平台。——译者注
❸ LENDY：P2P平台。——译者注
❹ Omise：泰国最大的FinTech初创公司。——译者注
❺ bitFlyer：比特币交易市场。——译者注

少32000人的业务量。但是，这种做法过于天真。如果这三家银行不在一年内进行这样的变革，终究会是被其他公司赶超的。

在过去银行是学生最想去的就业单位，但是，拥有大量人才和店铺网络并具备高成本特征的银行也正在向"结构化不景气行业"过渡。如果银行今后不能确立新的营业模式的话，就会失去存在的意义。

我们将目光投向英国和美国，英国花旗银行、美国华尔街等金融机构通过收购FinTech公司、招聘人才等方式正快速发展为技术型公司。

摩根大通的首席执行官杰米·戴蒙（Jamie·Dimon）曾经说："比特币就是一场骗局。"然而最近他又说："区块链才是真材实料的。"杰米·戴蒙推翻了自己之前的论断。新兴的中小型FinTech公司BILL.com❶和OnDeck Capital❷正在进行合作。此外，2018年，以收购有前途的风险公司来支持自己公司开发FinTech的"In-Regidence"在亚洲开启业务。

高盛公司在十年前拥有600名交易员，现在只有2人。晋升为常务董事的人中，每6人里就有1人是工程师，现在技术

---

❶ BILL.com：美国支付平台。——译者注
❷ OnDeck Capital：美国P2P平台公司。——译者注

人员所占比重更高了。并且，高盛公司计划开展虚拟货币的交易中介业务。

2014年，日本富国银行开展了援助创业公司的项目，并向美国自动精密工程公司和斯迪克新材料科技公司提供创业支持。富国银行与从事数字财富管理创业的SigFig公司合作，并在2017年开始提供智能投资顾问的测试服务。

英国巴克莱银行则制定了以更快的速度、更低的成本获得金融科技的方针，而非进行自主研发。现在，巴克莱银行正在英国伦敦运营欧洲最大的FinTech公司的孵化机构"Rise London"。

阿里巴巴是否会进军日本银行业

今后FinTech会让世界发生什么样的变化？

过去，美国的信息技术公司在10年内席卷全球。同样的事情也会发生在FinTech领域。阿里巴巴和腾讯等中国的信息技术公司很有可能会在21世纪促进全球金融市场的发展（见图5-18）。

日本金融机构对于FinTech的反应十分缓慢，这是因为日本银行和信用卡公司不会轻易放弃其原有的业务模式。

今后 FinTech 如何变革世界？

> 阿里巴巴、腾讯等中国信息技术公司可能会在 21 世纪促进全球金融市场的发展。

↓

- ○使用庞大的用户数据（信用信息），实施机器学习应用。
- ○收购海外银行、走向世界。
- ○各国仿效美国在社交网络服务领域抢占市场，现在开始建立各自的方位体制。
- ○亚马逊是否也有很大的可能开展银行业务？

日本的金融机构受到了哪些影响？

- 商业模式的根基土崩瓦解，对现有银行和信用卡公司造成了巨大影响。
- 说是要采取措施应对 FinTech，但是仅仅向风险企业出资、举办黑客松是远远不够的。

↓

- 如果阿里巴巴在日本收购一家银行并开展银行业务的话，日本银行就可以退出舞台了。
- 余额宝这类的资产管理基金实际上相当于银行存款业务，余额宝 4% 的年收益可以吊打日本的金融机构。

图 5-18　中国的信息技术公司或成为 21 世纪的"新型银行"

　　这样的话，如果阿里巴巴进军日本银行业，那么日本银行就迎来了末日。比如，阿里巴巴收购日本的一家地方性银行，或者使用余额宝以资产管理基金的形式开展实际银行业务，并在此基础上推广支付宝。支付宝的年收益率为4%，而日本银行存款的年利息只有0.1%，那么日本银行用户的存款会如雪崩一般涌进支付宝，这一点不言而喻。

　　但是，这并不是什么坏事。一直以来日本银行提供的服务都是优先考虑自身的利益。如果中国的信息技术公司进军日本提供用户想要的服务，那么其结果是会出现21世纪的超级银行，而日本的百姓也会欢迎这样的公司。

日本公司应该采取的FinTech战略

日本公司十分分散地导入FinTech业务，如：零售、服务、金融商品等。首先，日本要改掉目前引进FinTech的方式，然后，日本要明确自己要用什么方式来引进FinTech。日本应该做到以下三点（见图5-19）。

第一，日本公司要将分散的技术要素和服务进行整合，争取创建阿里巴巴、腾讯这样的平台。

第二，平台用户。为了充分利用平台抓住商机，平台用户需要研究平台，随时做好应对准备。

第三，关键技术提供方。关键技术提供方要开发贯彻实现21世纪新型生活方式的技术。

大家可以参考主要的FinTech公司（见表5-6）。

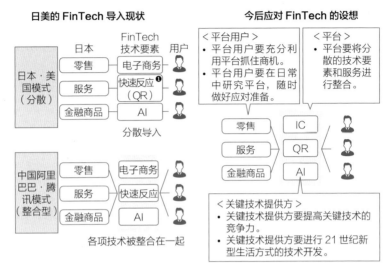

图 5-19　日本企业该如何导向 FinTech

表 5-6　主要的 FinTech 公司

领域	公司名称	国家	概要
融资	Maneo	日本	Maneo 将有融资需求的中小企业与投资家进行匹配
	AQUSH	日本	AQUSH 根据信用评级机构和个人信息对借款方的信用进行五档评级
	Crowd Credit	日本	Crowd Credit 提供海外消费者贷款和企业家贷款服务

❶　快速反应：指通过信息共享，建立快速供应体系，来达到顾客服务的最大化库存量。——译者注

续表

领域	公司名称	国家	概要
融资	LendingClub	美国	LendingClub 为个人和公司提供融资的社交借贷服务
	Prosper	美国	P2P 借贷服务。贷方投资数额最低为 25 美元
	Kabbage	美国	Kabbage 使用 AI 技术向中小企业提供融资服务
支付	连我支付	日本	连我支付提供支付服务。连我的用户之间可进行转账和费用平摊
	Coiney	日本	Coiney 的主营业务是移动支付业务
	SPIKE	日本	SPIKE 提供面向电子商务网站开发人员的支付服务"SPIKE 支付"
支付	Checkout	美国	Checkout STRIPE 提供网站、软件嵌入式支付服务平台
	Square	美国	人们可以在智能手机和平板电脑中安装 Square 开发的支付软件"Square Leader",可用该软件进行支付
	苹果支付	美国	苹果支付是苹果公司提供的移动支付服务
	安卓支付	美国	安卓支付谷歌提供的软件支付服务
	支付宝	中国	中国大型信息技术公司阿里巴巴提供的支付服务
汇款	XOOM	美国	XOOM 是 Paypal 旗下公司,提供国际汇款和汇票支付服务
	TransferWise	英国	TransferWise 只提供英国国内汇款服务
	WorldRemit	英国	WorldRemit 的用户可在个人电脑、智能手机、平板电脑上可进行国际汇款

续表

领域	公司名称	国家	概要
个人融资	Simple	美国	Simple 是没有线下网点的网上银行
	Moven	美国	Moven 提供智能手机转账取款的服务，免手续费
资本类融资	Security	日本	Security 是 Music Securities 运营的投资型众筹平台
	CircleUP	美国	CircleUP 是帮助小型消费品零售公司筹资的网络平台
	Loyal3	美国	Loyal3 提供股票式众筹服务。该服务免手续费，智能手机支持该服务
个人资产管理	Money forward	日本	Moneyforward 提供面向个人的家庭收支明细制作软件
	Money Desktop	美国	MoneyDesktop 为用户提供支出情况分类、计算、显示的服务
	Mint（Intuit 公司运营）	美国	Mint 可自动获取用户在金融机构的账户信息，并自动制作家庭收支明细
面向中小企业的服务	Freee	日本	Freee 开发了面向中小公司的云端财务软件
	merrybiz	日本	merrybiz 提供将消费小票发票进行录入分类的后台服务
	Xero	新西兰	Xero 是面向中小企业的线上财务软件
	Gusto	美国	Gusto 提供员工工资管理、福利、业务管理、企业养老金等服务
个人投资支持服务	Money Design	日本	Money Design 是使用算法并面向个人的资产管理智能顾问平台
	WealthNavi	日本	WealthNavi 是面向富人阶层和机构投资家的使用算法的智能投顾

续表

领域	公司名称	国家	概要
个人投资支持服务	asukabu	日本	asukabu 是与乐天证券合作的股价预测游戏软件
	Wealthfront	美国	Wealthfront 是根据个人资产状况和风险情况进行投资方案提案
	Betterment	美国	Betterment 是使用 AI 技术的资产管理智能投顾

改变与金钱的关系

辻庸介

简介

辻庸介
Yosuke Tsuji

Money Forward股份有限公司法人代表、总经理及首席执行官。Money Forward是日本一家为个人用户提供财务管理服务，为中小型企业提供云会计软件服务的公司。1976年，辻庸介出生于日本大阪。2001年，辻庸介毕业于日本京都大学农学系，之后进入索尼股份有限公司。2004年，辻庸介参与策划成立Monex证券股份有限公司。2011年，辻庸介在宾夕法尼亚大学沃顿分校完成工商管理硕士课程。2012年，成立Money Forward公司，2017年9月，Money Forward在东京证券交易所玛札兹市场❶上市。2018年2月，辻庸介在第四届日本风险企业大奖中获得审查委员会特别奖，担任新经济联盟干事，日本硅谷平台执行委员，经济同好会第一期提名成员。

---

❶ 玛札兹市场：又称保姆板，日本的创业板。——译者注

FinTech的3个特点

FinTech压低了金融交易的成本。与现有的中心化金融系统相比，去中心化金融系统交易成本不足十分之一。此外，在金融领域，以区块链为主的分布式系统代替中心化系统的趋势不可阻挡。我们可以利用大数据和AI实现FinTech应用最优化。以往只是收集数据，而在FinTech时代，竞争优势在于"如何提高收集的数据的附加价值，并将其反馈给用户"。

1. 快捷、节流、准确

日本金融厅推进"开放应用程序接口❶"，经济产业省构建互联产业❷（Connected Industries），今后在云端就可以将各种服务联结在一起了。

比如，中小型企业在向银行提出融资申请时，要在公司内部的财务系统中输入数据用以制作财务报表，如资产负债表、损益表，并将这些财务报表打印出来提交给银行。而在金融科技时代，客户与银行的系统连接后，便可实时获取数

---

❶ 开放应用程序接口：指银行与外部企业进行安全数据合作的机制。——译者注
❷ 互联产业：指建立以人为本的数字社会，充分利用各种事物的关系创造更多的附加价值。——译者注

据，银行的服务器费用等相关成本也会降低，这也是交易成本降低的原因之一。

个人可以使用智能手机在任何时间、任何地点与银行连接，金融机构与用户的连接方式发生了变化。原本拥有大量门店是银行的优势，但是在金融科技时代，这种优势出现了逆转，反倒成了银行的劣势。

2. 由中心化系统向去中心化系统转变

共享市场与C2C市场的出现标志着由中心化金融系统向去中心化金融系统转变。

在2018年上市的"煤炉"的业务在此之前一直集中在百货店和超市等零售物流市场，但是，2018年之后，"煤炉"也将其业务转向C2C等电商流通市场。

区块链具有去中心化的特点，区块链上所有的交易参与者共享交易记录，可以防止交易参与者篡改数据。它被称为"互联网的下一个可能"。

"区块链＋金融"的商业模式出现，该模式下的落地应用包括虚拟货币等，今后，"区块链＋物流""区块链＋广告"等各种新的商业模式会不断涌现。

以视频分享网络油管网为例，油管网会根据用户的点击量向视频发布者支付广告费用。但是，视频的大部分广告收入都被油管网收入囊中，而视频发布者的收入很少，视频被点击播放一次大约只有0.1日元的收入，这就是现在的商业模式。

在未来，由于去中心化系统的出现，很多信息变得公开透明，支付广告费的企业可能会直接将费用付给视频发布者。这样的话，油管网、脸谱网和谷歌的商业模式可能会土崩瓦解。

但是，现阶段人们使用区块链进行数据传输比较耗费时间，进行文本数据传送还好，进行图像数据传送则不是很方便。但是，技术进步的脚步不会停止，这个问题迟早会被解决。

3. 利用大数据和 AI 实现 FinTech 应用最优化

人们一般认为，大部分的操作类业务、中介类业务和信息处理类业务在今后会被AI替代。那么人类将来的工作内容就是"更好地使用AI和收集的数据"。今后，人们还要从"如何利用大数据和AI来实现FinTech应用最优化"角度来思考问题。

各国无现金化动向

在日本政府的施政纲领《未来投资战略2017》中，政府提出要将FinTech作为一个重要的战略领域，并提出构建解决各类社会问题的"5.0社会"。

此外，2017年11月，鉴于支付方式的多样化发展，经济产业省在满足消费者需求的基础上，就各行业的加盟店易于接受的支付方式进行了讨论，其讨论结果是制定了"无现金愿景"和"关于使用信用卡数据的应用程序接口指南"。

我作为委员会的成员提出了方案："日本要尽早实现的目标是无现金支付比率达到40%，将来的目标是无现金比率达到80%。"

图6-1展示了2015年世界各国无现金支付比率的情况，程度最高的是韩国，将近90%；其次是中国、加拿大、英国、澳大利亚，这些国家的无现金支付比率都超过了50%。而日本的无现金支付比率仅为18.4%，在发达国家中，日本与德国的排名都比较靠后。

韩国的无现金支付比率排名靠前的原因是，韩国政府提出了支持无现金支付的税收政策。日本也应该参照韩国的政策进行改革，以支持无现金化发展。

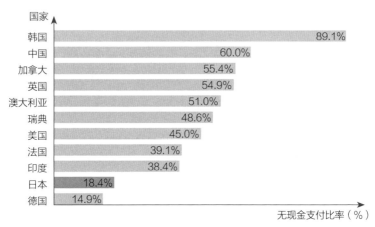

图6-1　世界各国无现金支付比率情况（2015年）

现在，在日本没有出现类似中国的支付宝和微信支付这样的无现金支付服务平台，这也是日本需要解决的问题之一。

各种金融服务应运而生

2017年5月，日本银行法部分内容被修订并实施，主要修订内容包括从事电子支付代理业务的企业需要采用注册制度，完善代理企业在使用金融机构开放应用程序接口时应遵守的规则。这是领先世界的做法。

应用程序接口是指操作系统给应用程序的调用接口。通过这一接口，可以实现计算机软件之间的相互通信。比如，"tabelog❶"软件中显示餐厅地址就是通过调用谷歌地图的应用程序接口实现的。

银行与用户的联系在银行窗口和自动柜员机。如果银行有了开放式应用程序接口的话，外部的金融企业就可以调用银行的应用程序接口，在银行以外也会出现各种各样的新型金融服务。

接下来具体解释一下金融机构的应用程序接口。

首先，用户要通知金融机构允许金融服务公司使用自己的数据，并执行交易指令，金融机构随后为该金融服务开放，这权限就像是"配备用钥匙"一样，金融服务企业使用"备用钥匙"只能从金融机构获得必需的用户信息等。于是，用户不向金融服务企业提供自己的金融账号和密码信息，也可以接受其提供的服务（见图6-2）。

应用程序接口有两种类型，一种是基于源代码的应用程序接口，另一种是基于协议的应用程序接口。前者仅用于查阅，后者可进行交易。

公司使用基于源代码的应用程序接口的话，其用户会在使

---

❶ tabelog：日本的美食网站，类似于中国的大众点评。——译者注

金融机构为用户的合作公司配置"备用钥匙"，
合作公司使用"备用钥匙"为用户提供服务

①用户授予通知金融机构允许金融服务公司使用自己的数据。

④金融服务公司
为用户提供金融
服务。

②金融机构配置只有金融
服务公司的软件才能使用
的"备用钥匙"。

③金融服务公司使用"备
用钥匙"获得用户的信息，
并执行交易指令。

银行

用户 　　　　　金融服务公司软件 　　　　金融机构

图 6-2　金融机构的应用程序接口机制

用各类应用程序方面更加方便。比如，个人用户只要使用智能手机就可以向存款账户和债券账户汇款，也可以在网上购物，支付各种费用，甚至可以申请汽车和房产贷款。

　　比如，公司以往在向用户支付100万日元时，要先向银行提交汇款信息，之后公司的汇款操作才会被执行。当公司使用基于协议的应用程序接口时，公司可以直接在网上连接支付服务，只需点击一下就可以完成汇款，方便快捷。

完善虚拟货币相关法律

在日本的虚拟货币交易中，人们用不同币种进行虚拟货币交易，其中，以美元为单位计数的交易量最大，以日元计数为单位计数的交易量次之（见图6-3）。日本金融厅在"虚拟货币是否用于洗钱""虚拟货币是否为恐怖主义活动提供支持"和"如何保护虚拟货币用户利益"等问题上保持高度警惕，因此，日本金融厅对虚拟货币交易所实施注册登记制度，快速实施并完善关于虚拟货币的法律法规。

今后，相关政府在对虚拟货币的法律和交易安全方面的要求会更加严格，这样一来，规模较小的风险公司就很难进入虚拟货币领域，具备一定规模的公司才能参与虚拟货币的交易。

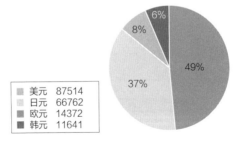

图6-3 比特币24小时各币种的交易额占比（2018年5月17日）

Money Forward公司的3项原则

金融的功能有"支付""汇款""货币兑换""投资""保险"等（见图6-4）。各种金融科技公司在金融每个功能的客户服务、销售、基础设施等层面竞争。在金融支付方面的金融科技公司有乐天Edy；在金融汇款方面的金融科技公司有连我支付；在金融融资方面的金融科技公司有瑞可利；在投资方面的金融科技公司，有Wealth Navi（见表6-1）。

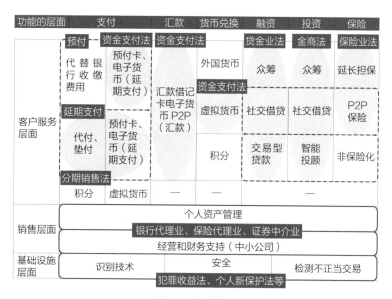

图6-4 金融的功能

表 6-1　FinTech 公司

功能	支付	汇款	交换	融资	投资	不动产
服务层面	电子货币 日本交通卡 nanaco Waon 乐天 Edy	海外汇款 各种代付 服务 Transfer Wise	虚拟货币 bitFlyer Zaif QUOINEX Bitbank BITPoint GMOCoin	P2P 借贷 maneo Aqush 云信用	众筹 READY FOR CAMPFIRE Makuake	租赁和买卖 索尼不动产
	第三方支付 GMO-PG VeriTrans MF KESSAI	P2P 汇款 连我支付 Kyash Paymo	外国货币 各个 FX 公司	商流金融 CREPIT SAISON GMO Epsilon 乐天 瑞可利	智能投顾 THEO Wealth Navi Folio	共享 移住和换居 援助机构
信息层面	自动家庭账本和资产管理服务 Money Forward ME					
	后台 SaaS Money Forward Cloud	经营工具		业务支持		
基础技术层面	识别技术		安全技术		检测非法盗用	

Money Forward公司提供面向个人客户的家庭收支资产管理服务系统"Money Forward ME"，即Money Forward公司系统自动向个人用户提供个人及家庭收支账单。Money Forward公司提供面向公司用户的后台云端服务"Money Forward Cloud"。

Money Forward公司遵循的原则有以下三项：

1. 消除客户痛点。

2. 开发新型服务。

3. 提供开放透明的服务。

通过FinTech消除用户的痛点

亚马逊的创始人杰夫·贝佐斯（Jeff Bezos）经常提到"用户至上"。Money Forward公司也是一样，提倡优先考虑消除客户痛点，这是Money Forward公司一贯坚持的理念。

那么，用户的痛点有哪些？或者说，用户有什么不满或不便呢？

用户的第一个痛点是"不知道个人及家庭的收支状况"。如果有人遭遇了什么不测，而其家人不知道这个人在哪家银行有多少存款的话，家人也会很为难。然而，即使人们考虑到了这个问题，还是不能掌握自己的资产状况。

用户的第二个痛点是"存不住钱"。有人明明很想存钱，但是其意志薄弱，很难存住钱。这也是大多数人共同的痛点。

用户的第三个痛点就是"掌握的金融知识不足"。很多人没有足够的金融知识，当银行、保险公司的员工来推销新产品时，很多人甚至无法判断新产品的优劣，听信了银行或保险公司员工的话，购买了那些员工推荐的新产品，之后又会后悔。

为此，Money Forward公司开发了金融科技产品，以消除用户的痛点。

　　面向不了解个人及家庭收支状况的用户，我们提供了家庭收支资产管理服务系统"Money Forward ME"，公司系统自动向个人用户提供个人及家庭收支账单。

　　面向存不住钱的客户，推出了自动存款软件"SHIRATAMA❶"。

　　针对公司用户存在的问题，Money Forward公司也提供了面向公司的相应服务。

　　我们在公司经常会听到如下话语。

　　"财务工作占用了我的太多时间，我不能把握公司的经营状态，我不知道该怎么解决这个问题。"

　　"制作、邮寄收款账单、确认收款等工作占用了我的大量时间，而且工作中出现的错误比较多。"

　　"我为大家计算工资花费大量时间，打印工资单比较麻烦。"

　　"我作为销售人员，每个月要花费几个小时去计算报销费用。"

　　"账号管理比较复杂，我担心账户安全。"

　　"汇款手续费等交易成本高。"

　　为了消除公司存在的以上问题，Money Forward公司提供了"Money Forward Cloud"服务。该服务有财务、税费申报、账单、工资、考勤、账号、报销、融资等功能。

---

❶ SHIRATAMA：其在日语中的意思为"不知不觉中存钱"。——译者注

面向个人用户的服务

家庭收支资产管理服务系统"Money Forward ME"可以应对2650种以上的相关金融服务，也可以对用户的账户进行统一管理，每人只需注册一次，之后注册用户只需按要求输入金额即可。该系统会自动对收支项目进行分类，并制作家庭收支明细。通过这项服务，用户可以知道每天的支出状况，并且用户对现金、存款、股票、养老金、投资信托等资产与负债的数值和变化情况一目了然。

此外，Money Forward ME具有私人金融顾问（Personal Financial Adviser）功能，该系统可以根据用户的数据给出具体的消费意见，如"和理想的家庭收支相比，您的消费过多""您的余额不足以支付一周后的信用卡还款"等。

该系统的基本服务和产品是免费提供的，使用特殊功能需要付费成为高级会员。

截至2018年1月，该系统的用户数突破600万。在家庭支出记账软件中位居第一❶。

另外，我公司还以"Money Forward for XX"的形式向金

---

❶ 2017年3月23—27日，乐天调查开展的"现在使用的家庭支出记账软件"的调查；调查对象：20岁至70岁的家庭支出记账软件使用者685人。

融机构提供各类服务。Money Forward公司为金融机构的用户开发了存折软件"简单存折",向金融机构提供具有个人资产管理功能的服务"MF Unit"。Money Forward公司以"让用户每天的生活更加快乐、富足"为理念,开发了自动存款软件"SHIRATAMA"。

"SHIRATAMA"中有零存、找零等存款方式。比如找零存款方式是指如果用户将"找零存款"设定为1000日元,当用户使用银行卡支付午餐费800日元时,会有200日元自动存入存款账户中。

人们可以持续存款,但这不是一件容易的事。如果用户每次使用银行卡进行支付时,都会有一部分钱自动存到存款账户中,那么,用户就可以进行无压力存款了。

面向公司的服务

Money Forward公司提供的面向公司的服务可全面覆盖公司后台服务领域,提供软件即服务(SaaS)型云端服务系统——"Money Forward Cloud"。

与Money Forward ME相同,这项云端服务系统也具有将多个银行账户和信用卡进行统一管理，帮助用户实时掌握公司经营信息，利用AI分析信息并将其自动分录的功能。

通常情况下，提供这类服务的其他公司收取的初期费用较高。而Money Forward公司的Money Forward Cloud以SaaS形式提供服务，费用十分低廉，还可以通过驻派的方式确认公司用户的经营状况，这也是这项服务的一个优势。

Money Forward Cloud可对账本内容进行自动核算。以往的打包型财务系统要求财务员手动输入数据，而该系统不需要财务员手动录入数据，这既能减轻财务员的工作量，还能减少手动输入数据可能造成的错误。

通过Money Forward Cloud将财务数据化，交易型借贷❶成为可能，如图6-5所示。

以往金融机构根据企业过去的财务情况决定是否向公司提供贷款以及贷款金额。如果导入了Money Forward Cloud的话，就可以快速获取公司的财务数据，金融机构也可以更快地做出是否贷款的决定，这便是交易型借贷。

"Money Forward BizAccel"是一项根据用户的数据迅速进行信用评级，并提供短期融资的服务。我认为这项服务特别适

---

❶ 交易型借贷：不同于以往根据财务信息确定借贷条件的融资形式，以每日的交易数据为根据决定借贷条件的新型融资形态。——译者注

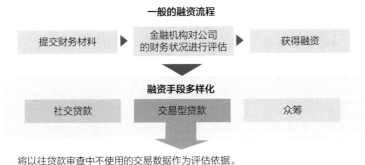

图 6-5 中小企业的 FinTech 应用：融资

用于中小型企业的经营者。

2017年11月，Klavis公司通过企业并购的方式加入Money Forward公司，向用户提供"STREAMED"服务。通过扫描读取发票图片，数据便可准确、迅速地录入云记账服务系统。这一系统服务可自动获取数据，并分录模拟数据和数字化数据。

以往的做法是AI检验操作员录入的数据，仅将正确的数据上传。为今后录入数据的工作也将由AI来完成。人工费降低，也能大幅削减成本。

针对中小型企业后台人手不足的现状，Money Forward公司于2017年6月发布"MF KESSAI"服务。账单的制作、邮寄、资金的回收等都以完全外包的形式进行，以此来改变企业后台人手不足的现状。

精益创业

在开发新的服务时，我们一向重视的是"精益创业"，即在提出假说的基础上，小规模地开展事业，不断地进行论证和改善。

这是我最初的创业经验。最开始，我只有两个想法，一是为用户提供有用的服务，二是依靠技术的力量解决金钱问题。之后，我对具体做什么进行了各种摸索。但是我意识到"想法本身是没有价值的"，要把想法做成"样本"。后来，我做出了"记账本"（MoneyBook），它就是金融版的脸谱网。

我当时想通过在"记账本"上学习富人和善于控制家庭收支的人的财富积累和交易方法，提供一种服务，即用户将自己的收支信息匿名提供出来，在此基础上，便可以阅览其他匿名的人的信息。但是，我失败了。因为人们对别人的收支状况感兴趣，但是却不愿意让别人看自己的收支状况。我也了解到"仅凭想法做项目，是做不成项目的"。

那么成功的人是怎么做的呢？带着这个疑问我开始上网搜索，找到了一个擅于开发项目的经营者的网站。我从中了解到，该经营者在想到某个未开发出来的项目时，不是立刻把它开发并发布出来，而是仅在自己的网站上发布项目的名称，然后放上链接。每当有人点击这个链接时，便会弹出"此服务项目正在开发策划中，请提出您的意见"，随着点击量的增多，获得意见也逐渐增多，根据收集项目的意见做出一个简单的样本，并在自己的网站上公开，再去看大家的反应。就是在这样的不断重复测试中，逐渐提高项目成功率。

我最初在开发项目时花费了6个月。了解到这个人的做法后，我便模仿这个人的做法，将项目分割成小块，再做测试，同时对项目进行开发完善。虽说不能局限在开发者的角度，要全面听取用户的意见，但是也不能所有意见都采纳，重要的是要知道核心用户的感受如何。

我曾经被一个做风险投资的人批评："你做的这种服务没有人有愿意用的。"我仔细一想，这个人又不是我的核心用户。在弄清楚这一点后，我便把某类人设想成自己的核心用户，不断思考如何去满足核心用户的需求，之后我的项目开发进展得很顺利。直到现在，我在开发项目时，还是遵循"仅以核心用户为中心进行项目开发"的原则。

即使我们站在用户角度，用户也总是不按照我们的预想行动。因此，我们的预想要尽量与客户的行为相匹配。当我们的项目满足客户需求时，我们要思考其中的原因。

用一句话总结我们的项目方法便是"聚焦核心用户需求的精益创业"。正是因为我采用了精益创业的方法，才不断地在短时间内开发出面向个人、公司的服务。

通过应用程序接口连接的世界，其主导权掌握在用户手中。所有的信息都是通过网络扩散的，所以，企业必须十分重视自身的品牌。

除此之外，企业的姿态、存在方式、理念等也要能引起用户的共鸣，时刻坚持这种理念是十分重要的。

经营者使用FinTech的4个要点

如何将FinTech应用到公司经营中？我能想到的要点有以下4点。

1. 速度竞争的时代

新技术普及美国四分之一人口所需的时间，电力用了将近50年，而智能手机仅用了大约5年时间，智能手机普及速度几乎是电力的10倍（见图6-6）。

用原来的普及速度进行设想的话，预计今后100年才能发生的事，按照现在发展速度，在10年后就可能发生。再过两年，人们就会非常习惯使用新技术，特别是在信息技术行业，如果没有这种速度意识的话，转眼就会被甩在后面。

2. 灵活经营

现在已经不是一个企业要涵盖所有领域的时代了。利用应

图6-6　新技术的普及速度加快

用程序接口、商业流程外包（BPO）等服务，只要掌握技术的核心部分就可以了。

此外，精简团队、移交权限也是关键所在。在我们开发样本时，团队只有4个人，包括商务负责人、设计师、服务器工程师和软件工程师。公司不断地向团队成员移交权限，如果双方认为没有继续下去的意义，就立马中止移交权限。这就是Money Forward公司的风格。

3. 使用数据

未来，掌握什么样的数据、如何利用数据是公司成败的关键。关于数据的使用，在很多领域都有成功案例，可以将其作为参考。

4. 认识战略

组织，说到底是由人组成的。我们以使命、愿景、价值为核心，对人事战略进行讨论。重要的是经营管理层必须参与其中。

Q1 ▶ 在英国取得成功的FinTech公司Monzo Bank[1]不仅为用户提供账户整合服务，还提供移动支付服务。今后，贵公司的业务也会扩展到支付领域吗？

辻庸介：我公司已经在讨论这项业务了。但是做支付业务的话，要有用户和店铺两方面的资源才行。因为支付业务利薄，所以要有量。如果不从支付业务中获取数据并做其他业务盈利的话，还是不太适合涉足该领域。

日本的情况不同于中国，大部分人都有银行账户，信用卡普及率较高，人们也习惯使用日本交通卡这种电子货币。像我公司这种新兴FinTech公司想要开展支付业务的话，需要数百亿日元的投资。鉴于此，现阶段进军支付领域对我们来说还是相当困难的。

但是，我公司也已经开发出了几种支付手段。我们可以根据用户的信息向用户提供相关服务。

Q2 ▶ 用户已经注册了Money Forward的账户，但是，用户仅通

---

[1] Monzo Bank：英国的一家金融科技数字银行。——译者注

过输入账号、密码就可以登录账户的话，真的安全吗？个人信息不会被其他人窃取吗？一想到这些，我就不敢使用 Money Forward 来进行资产管理。在保障账户安全方面，贵公司真的值得信赖吗？

辻庸介：的确，把自己的个人信息委托给别人管理会让人觉得不放心。说得极端一些，世界上没有绝对安全的东西，如果您觉得不安全，可以不选择我公司。

不过，我公司自身也认识到：最大的风险是来自服务器的安全问题。所以，我们对所有数据加密，定期进行黑客测试，采取了全面的安全措施。为了证明我公司不是滥用、出售客户信息的公司，我们将所有董事的照片和个人简介公布在公司官方网站上。

Q3 ▶ 关于法人的报销费用问题，贵公司开发的通过扫描发票录入信息的服务让我很感兴趣。但是，公司在接受税务调查的时候是需要提供发票原件的，所以，我也会觉得还是继续按照以往的方式进行报销比较好。

辻庸介：正如您所说，现阶段是要保留发票原件的。但是电子账簿的保存方法每年都在发生改变，我们也在向政府提意见，也许在不久的将来，公司只要提供有明确日期印章的发票图片就可以了，不用再保存纸质发票。这样一来，就不需要保管纸质发票了，对公司来说也是好事。

Q4 ▶ 我经营着一家会计事务所，我的用户们使用的会计软件是多种多样的，效率也低。今后，会计软件市场的混乱局面会持续下去吗？

　　辻庸介：在美国，企业并购盛行，在竞争中处于劣势的公司就会被收购，最终只剩下两三家大公司。不过，日本不会出现这种情况，今后还会有各种会计软件被用户使用。

　　然而，无法做好"云会计"这一领域业务的公司就会把这项业务转让给这个领域的优势公司，这种局面已经开始形成。我相信会计软件早晚会统一的。

Q5 ▶ 您能介绍一下贵公司的人事系统"MF Growth System"吗？

　　辻庸介：技术的洪流已经涌入人事领域，这便是人事科技。它使个人与公司更加透明。在人事科技领域比较有名的人事系统是人力资源公司Link and Motivation InC. 的"motivation cloud"。在该人事系统中，员工可以通过问卷指出在公司感受到的压力是什么，员工与管理层的认识差距也会凸显出来，该系统可以将答案数据化用来解决问题。

我公司的人事系统"MF Growth System"没有为员工提供问卷调查的服务。"MF Growth System"是帮助员工成长的系统。员工可能会有"我明明很努力地在工作，但是却得不到上司的认可"这样的不满，这样的事在任何公司都会发生。其原因在于上司的期待值没有明确传达给员工。我公司每个月会有上司与员工的一对一会议，目的就是明确上司的期待值，让双方之间没有误解。

我认为人事战略和测评制度是没有明确的答案的，只有在每项的试错中才能不断地去完善。

Q6 ▶ 贵公司提供老年人资产增值服务吗？

辻庸介：关于老年人退休后的资产投资服务，我们在研究可否以养老金固定缴款的形式让老年人进行投资。但是，目前正处在研究阶段，距离公司提供该服务还有一段时间。

Q7 ▶ 我从事外币兑换工作，非银行金融机构还是很难利用银行的应用程序接口的。您认为今后的日本会像其他国家一样提高金融的自由度吗？

　　辻庸介：的确，非银行金融机构现在直接和银行连接的门槛还是很高的。日本今后也会像欧美那样与先进的银行合作，开展业务的可能，我认为应该会在5年之内吧。

第七章

WealthNavi 提供的 AI 化资产管理

柴山和久

简介

柴山和久
Kazuhisa Shibayama

WealthNavi股份有限公司法人代表、首席执行官。

柴山和久曾在日本财务省供职9年，参与预算、税制、金融、国际谈判等工作。之后，柴山和久就职于麦肯锡，为10万亿日元规模以上的机构投资者提供服务。出于"构建新一代金融基础设施"的想法，柴山和久从零开始学习编程，2015年4月，柴山和久创立WealthNavi公司，2016年7月，WealthNavi公司发布智能投顾"WealthNavi"。在"WealthNavi"发布后的3年5个月的时间里从用户手中获得2100亿日元的存款资金，开户数量达27万个。柴山和久毕业于东京大学法学系、哈佛大学法学院、欧洲工商管理学院。曾经为纽约州律师。

创业的契机

我曾在日本财务省供职9年，之后就职于麦肯锡，为华尔街的机构投资者们提供投资服务，主要为10万亿日元规模以上的投资机构提供风险管理和资产管理服务。我和金融工程专家们用了10个月时间开发出了资产管理算法。

有一次，我有这样一个想法。基金管理人管理10万亿日元和10万日元的资产所使用的算法可以是相同的吗？现在，我使用的为机构投资者和资产雄厚的个人投资者管理资产时所使用的算法是不是也适用于普通投资者呢？这个想法便为我成立WealthNavi创造了契机。

实际上，我成立WealthNavi还由于一点个人原因。我的妻子是美国人，我之前在纽约做项目时曾经去过她的老家芝加哥拜访她的父母。她的父母拜托我说："你除了向华尔街的机构投资者提供投资服务，能否也能帮我们管理资产。"

我听岳父母说了一些他们资产的情况。他们的资产现在由一家私人银行管理。私人银行是指为资产达到一定数额的富人提供银行、证券、信托、保险及房产等综合性资产管理服务的金融机构。在日本，私人银行一般要求其用户的资产规模达到3亿～5亿日元。而如果不在私人银行存入1亿日元，是无法成为私人银行的用户的。也就是说，我的岳父母的资产达到了私人银行规定的数额。他们两位都是在大公司工作的上班族，不是出生于富裕家庭。

相比之下，我的父母在日本的金融机构就职，靠着退休金还完了住房贷款。目前我父母的资产包括存款和保险，一共有几千万日元，在日本还算是资产较多的家庭。但是，我的父母与我的岳父母相比，我父母拥有的资产只不过是岳父母的十分之一而已。双方父母在年龄、学历、工作经验基本没有什么差别，可是，双方父母的资产规模却相差悬殊。对此，我受到了一定的冲击。

双方父母资产规模出现差距的原因在长期资产管理方面。我的岳父母在年轻时就开始了长达20多年的"长期、定期、分散"的资产管理。

据我岳父母说，在他们持有的资产不足100万日元的时候，就利用公司的福利获得了私人银行的资产管理服务。他们偶尔还会委托家附近的金融顾问帮忙管理资产。岳父母从每个月的收入中扣除生活费、住房贷款、教育费用，剩余的部分他们不会用于储蓄，而是用于投资。20多年下来，他们积累了数亿日元的金融资产。

如果我也曾帮助我父母进行"长期、公积金、分散"的资产管理的话，他们手中的资产也会翻倍吧。如果日本全国都进行资产管理的话，那么日本全国上下都会变得富足。在岳父母那里受到的冲击成为我创立WealthNavi的动机。

通向创业的坎坷之路

我把上文中提到的想法总结为策划书，去了很多创业公司做宣传，反响还不错。创业公司的管理者大体上都会说："这个想法不错，我们支持你。"但是，我的创业之路实际上没有任何的进展。

有一次，我和一家技术类公司的首席技术官一起吃午饭，他对我说："柴山先生，你现在还是和在财务省工作时一样总是穿着西装革履，穿这身行头是无法和工程师们在一起工作的。"于是，我急忙去买了牛仔裤，不过，即使我换上了牛仔裤，情况也没有转变。

可能是那时的我没有理解系统开发的含义，只是在纸上谈兵，做的宣传也只不过是徒有外表，没有内容。我想自己先做出WealthNavi基础部分的雏形，于是，我在"技术夏令营"（TECH CAMP）学校从零开始学习编程。

之后，我在身边的工程师和设计师的帮助下终于完成了WealthNavi基础部分的雏形，之后，我开始拿着这个雏形去各个公司宣传。这次，许多创业公司就不只是在口头上对我表示支持了，甚至有的公司管理者谈到要为我出资。并且，我进行资金筹集的事情被日本经济新闻报纸报道了，有很多人看了那则报道之后想和我一起创业，我也有了员工。随后，我的创业之路起步了，2015年秋天，WealthNavi团队成立。从我开始寻找创业伙伴到团队成立，我花费了半年多的时间。

以上提到的便是我的创业经过，我们在听取用户意见的同时对公司产品进行开发与改良，所以，我将公司定义为"开发型金融机构"。WealthNavi的金融专家和技术专家在一个团队里共同开发金融服务系统，并进行创新。

日本的智能投资顾问服务发展的可能性

WealthNavi提供的服务被称为"智能投资顾问"（以下简称智能投顾）。智能投顾指的是基于算法和用户的资产管理方案，自动为用户进行资产管理的在线服务。

美国智能投顾的投资数额从2016年开始激增，2020年达到了220万亿日元。在不久的将来，智能投顾将成为较受美国工薪阶层欢迎的金融服务。

日本智能投顾在快速发展。2016年12月底，日本4家大型智能投顾公司的资产管理规模为139亿日元，而到2017年12月底，这4家公司的资产管理规模为993亿日元，一年间资产管理规模增加了6倍。其中，494亿日元的资产是由WealthNavi管理的，约占4家公司总资产管理规模的一半。2019年底，4家大型智能投顾公司的资产规模合计为2900亿日元。

2018年5月，WealthNavi的资产规模达到800亿日元。截至2020年1月，WealthNavi的资产规模超过2200亿日元。

这些智能投顾公司的一个重要特征是资产管理规模较大的智能投顾公司中有六成是有合作伙伴的。它们主要的合作伙伴有SBI证券、住信SBI网上银行、全日空、索尼银行、永旺银行、横滨银行、日本航空等，这些公司和金融机构都为用户提供智能投顾。今后，WealthNavi会更加重视与公司、金融机构的合作，争取为用户提供新型金融产品。截至2020年1月，WealthNavi的合作伙伴有SBI证券、住信SBI网上银行、全日空、索尼银行、永旺银行、横滨银行、日本航空、东急、Gujibun银行、SBINEOMOBILE证券❶、北国银行等。

---

❶ SBINEOMOBILE证券：外汇交易商。——译者注

将目标客户定位为职场人士

从WealthNavi的用户年龄结构来看，20～59岁的用户占所有用户的93%。我创业的契机是看到我父母与岳父母之间的金融资产差距，当时我的想法是推出面向我父母这代人的金融服务。但是我在创业中途将目标用户换成了职场人士。

我父母那代人持有的资产可能不如美国的同龄人多，但是，我父母在日本也算是有钱人，甚至可以称得上是无压力的一代人。而真正缺钱、对未来充满不安情绪的人是我这一代人，包括我的朋友、同事，甚至是比我年轻的人，这些人都正在工作。当我认识到这一点时，我开始考虑将目标用户调整为职场人士。

日本的个人金融资产总额约为1800亿日元，其中三分之二的金融资产的持有者为60岁以上的人口。因此，日本的资产管理服务通常都是面向老年人的。所以，我认为开发并提供面向职场人士的新型资产管理服务是具有重要意义的。

WealthNavi根据厚生劳动省《就业条件综合调查》（2003年、2008年、2013年）计算得出，大部分人大学毕业后会进入公司工作，然后直到退休。然而，在日本，人们的退休金数额每年以2.5%的幅度减少。按照这个基准持续下去的话，现在35岁的人到25年后退休时，退休金的平均数额只有1000万日元。因此，人们仅靠退休金很难维系退休后的生活。

今后，大学毕业后就进入企业工作，并且做到退休的人会越来越少。没有退休金制度保障的公司数量在增加。此外，随着日本少子老龄化程度的逐年加深，今后养老金制度会如何变化还是个未知数。有的人打算30岁左右靠贷款买房，退休后靠退休金还清贷款。这样一来退休金用于资产管理，这样的计划很明显在今后是不现实的。

也正因如此，人们才要在工作的同时进行资产管理，为退休后的生活做好准备。

职场人士更倾向于储蓄

实际上已经有很多人已经意识到：以往的计划已经不能继续沿用了，必须从很早就开始为老年生活做打算。于是，人们开始进行储蓄。日本总务省发布的《家庭收支调查》显示，30~39岁、40~49岁、50~59岁的人中金融资产超过1000万日元的比例分别为18%、33%、49%，如图7-1所示。

虽然有的人拥有1000万日元以上的金融资产，但是这些

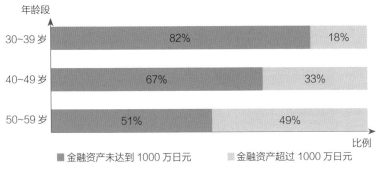

图 7-1　日本个人金融资产状况

人也不进行资产管理。2015年8月，WealthNavi对金融资产超过1000万日元的30~59岁人口进行了调查。

调查结果显示：每3个人中就有1个人不进行资产管理。在日本，很多人只是把钱存在银行，个人金融资产的51.5%是存款，这一比例在发达国家中是很高的，如图7-2所示。

但是，我认为今后日本的储蓄率会发生改变。以前，我在财务省工作的时候，德国的储蓄率也超过了50%，这是德国为了应对今后少子老龄化的趋势而推进从储蓄到投资的变革。这一变革的结果是现在德国金融资产中储蓄的比例减少为39.9%。通过这些事例，我认为日本的储蓄率变化会与德国相近。这样，就会有200万亿日元的资金由储蓄转向资产管理。

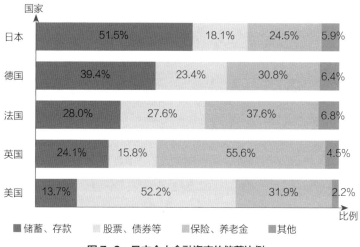

国家

国家				
日本	51.5%	18.1%	24.5%	5.9%
德国	39.4%	23.4%	30.8%	6.4%
法国	28.0%	27.6%	37.6%	6.8%
英国	24.1%	15.8%	55.6%	4.5%
美国	13.7%	52.2%	31.9%	2.2%

比例

■ 储蓄、存款　　　股票、债券等　　　保险、养老金　　■ 其他

图7-2　日本个人金融资产的储蓄比例

受资产管理困扰的日本人

为什么在日本有很多人不进行资产管理呢？经常听到的理由就是怕赔本，怕收益率为负。总之，就是很多人不愿意承担风险。

在日本，即使是愿意承担风险的人，他们也并没有积极地进行资产管理。向这些人询问具体原因时，大多数的回答是"收集信息很难""身边没有可以商量的人""不知道该相信哪个资产管理公司"等。

在美国，上班族在职场上就像谈论前一天的棒球比赛或是美式足球比赛那样谈论着"哪家金融机构比较好""投资什么比较好"。但是，在日本我还没有见过这样的场景。

我在培训课堂上向人们提问："没有和别人探讨过投资机会的人请举手。"现场约有90%的用户会举手。虽然，人们已经认识到资产管理的重要性，但是还是被资产管理所困扰。这便是我看到的日本人的状态。

其他国家的资产管理准则

资产管理的准则是"长期、定期、分散"。这一准则的主要内容列举如下：

1. 10年以上（最好是20年以上）的长期投资。

2. 人们进行定期投资，每个月投入一定金额。

3. 对金融资产进行分散投资。

我为机构投资者和资产雄厚的个人投资者提供资产管理服务，并得出结论：长期、定期、分散是资产管理的准则。

世界上具有代表性的资产管理基金便是挪威政府的养老基金。挪威作为一个产油国且财政制度比较健全，将每月的原油收入定期投入政府养老基金进行资产管理。数额约为100万亿日元（2017年3月）。该基金的各项投资占比分别为股票65%、债券33%、不动产3%❶。投资标的分散在世界上77个国家的898只金融产品中，如图7-3所示。

从挪威政府的养老基金投资收益率来看，从1997年到2017年的20年之间，养老基金的收益率高达198%。经常有人问我："是不是因为有能力强的经理人和经济学家在，使得挪威政府的养老基金在任何市场环境下都能够获得收益，变成了一种特殊的资产管理。"我认为绝非如此。实际上，在过去的20年里有4年该养老基金的投资收益率为负。

人们通常认为挪威的资产管理的目标是"实现中长期收益最大化"。2008年1月，挪威的养老基金的一位管理者就职，在其就职约半年后爆发了国际金融危机，造成了10万亿日元的损失。如果这件事发生在日本的话，这位基金管理者就要卸

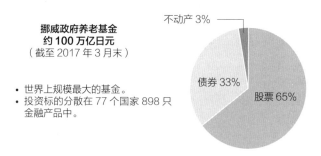

图 7-3　世界上具有代表性的投资策略实例

---

❶ 数据来源于挪威政府养老基金官方网站，网站已对数据进行进位处理，因此总和大于100%。——编者注

任了，但是挪威政府没有辞掉他，原因就是挪威政府追求的不是基金的短期收益，而是为了实现中长期收益最大化。

该养老基金在2008年的收益率为负23%，而该基金2017年的资产总额较20年前增长了3倍。2008年的负收益率只是暂时的，可以说该位基金管理者的投资能力、管理水平较高。

日本政府的资产管理如何呢？我们来看一下2016年9月日本金融厅发布的金融报告，其中提到：为保证投资收益稳定，结合分散的国际化投资对象、分散的投资时间、长期持有3个特征进行投资，并灵活运用这3个特征。长期、定期、分散投资的资产管理准则在日本可能并没有普及。

日本金融厅也认为"长期、定期、分散"的准则对于保证投资收益稳定是有作用的。但是，这个准则在日本却并没有被人们广泛理解。因此，日本政府推出个人养老计划"iDeCo"和定期型小额投资免税制度"定期NISA"，以此在日本普及"长期、定期、分散"的资产管理准则。

从资产管理模拟中得到的启示

图7-4是WealthNavi从1992年到2017年的25年间根据"长

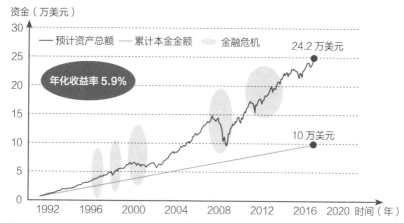

注：假定WealthNavi资产管理模拟使用的是2017年2月WealthNavi提出的风险接受度为3的投资策略（美国股票30.6%，日本欧洲股票21.5%，发展中国家股票5.0%，美国债券29.1%，黄金8.8%，不动产5.0%）。

图7-4　资产管理模拟

期、定期、分散"资产管理准则进行资产管理模拟，模拟中使用风险等级为中等的投资策略。WealthNavi资产管理模拟的股票投资占比约为66.67%，这与前面提到的挪威的政府养老基金股票投资占比基本相同。开始时，WealthNavi资产管理模拟的本金金额为1万美元，之后每个月定期投入300美元的话，到2017年1月，累计本金金额就达到了10万美元，此时，资产总额为24.2万美元（扣除1%的年化手续费），约为累计本金的2.4倍。换算为年化收益率为5.9%。

从这个资产管理模拟中，我们可以明确以下三点。

1. 长期投资的重要性

从1992年至今，世界已经发生了多次金融危机。即便如此，WealthNavi资产管理模拟的资产总额还是增加了。因为世界经济是持续发展的。

比如，在2008年爆发国际金融危机前的股票价格，最高时许多投资者对股票的估值较高，这是以投资者在世界范围内分散投资为前提的。如果投资者只在日本股票市场进行投资的话，从1992年到2017年的25年间有15年是赔本的。原因是1992年年初的股票价格与25年后的2017年的股票价格基本没有变化。世界经济在发展，而日本却没有什么变化。

1992年，全世界的国内生产总值规模约为25.1万亿美元，其中日本国内生产总值占比约15.5%，为3.9万亿美元。到了2017年，全世界的国内生产总值规模增长为75.4万亿美元，与1992年相比，增长了2倍。而日本的国内生产总值规模仅为4.9万亿美元（见图7-5）。而与日本经济增长率相同的国家，有很多是在内战的非洲国家。可以说，从1992年到2017年之间，日本经济处于停滞状态。

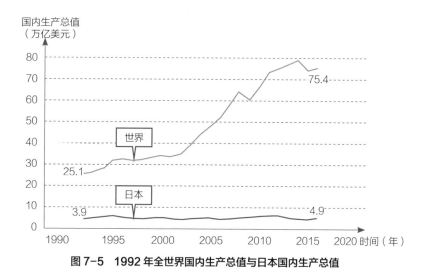

国内生产总值
（万亿美元）

图 7-5　1992 年全世界国内生产总值与日本国内生产总值

2. 分散投资的重要性

在WealthNavi资产管理模拟中，关于2008年国际金融危机时的股票估值较低，股票价格大约下降了28%，但是，日本更多的投资者体会到不止是28%的下跌程度，因为日本日经平均股价❶和美国的标准普尔500指数跌幅约为40%。那么为什么用WealthNavi的中等风险的投资策略进行资产管理模拟，股票价格的跌幅仅为28%呢？因为这就是分散投资的效果。

---

❶　日经平均股价：日经道琼斯股价指数。——译者注

很多人都不知道，在2008年国际金融危机时，美国的国债价格上涨，同时期黄金价格也上涨了15%。在这种经济不景气的时候，仍有价格增长的资产。所以，投资者应该提前在投资策略中加入对冲标的，即在股票价格下跌时价格增长的资产，这样的话就能够缓解金融危机带来的冲击。

3. 定期投资的效果

在WealthNavi资产管理模拟中，是以美元计价的，如果以日元计价的话会怎么样呢？我查了一下当时的汇率，在1992年，1美元可以兑换约125日元，在2017年，1美元可以兑换约110日元。如果有人在1992年把1万美元的投资本金换算成日元的话，到2017年时，会有10%以上的损失。

从1992年到2017年这25年间的汇率变化的数值得知，美元兑日元的汇率在76和144之间波动，日元升值和贬值的情况反复出现。

比如，如果人们在1992年投入100万日元，之后每个月投入3万日元的话，到2017年1月，累计本金金额为1000万日元，预计资产总额为2457万日元（扣除1%的年化手续费），预计资产总额约为累计本金金额的2.4倍，以日元为结算货币时的年化收益率约为6.0%，以美元为结算货币时的年收益率为

5.9%，所以，人们不管是以美元还是日元为结算货币，在进行长期投资时的结果区别不大。

凭借"长期、定期、分散"资产管理准则获得收益

根据"长期、定期、分散"的资产管理准则进行资产管理，其收益预计能达到多少？我认为年化收益率为4%~6%。人们通常认为经济增长率（g）为3%~4%的话，金融资产的收益率（r）会比它高1%~2%。

为什么金融资产的收益率要比经济增长率高呢？原因有两个。

一个原因是风险溢价。在金融投资中，较高的风险对应着较高的收益率。

另一个原因是，各个发达国家对股票投资和不动产投资征收的收益税的税率为10%~20%，而对公司收益征收的所得税与法人税，发达国家的标准是40%~60%（除了新加坡和冰岛等国家外），这远远大于投资收益的税率。

究其原因，如果政府利用税收优待促进投资的话，会更容易带动创新产业、孕育新产业、拉动就业。

WealthNavi服务的特征

WealthNavi的投资特征有以下三点：

1．WealthNavi可以自动进行长期、定期、分散投资。

2．WealthNavi拥有资产管理算法（公开）。

3．WealthNavi的手续费为投资本金的1%。

首先，我在前面已经提到了，在投资方面，依据"长期、定期、分散"的准则进行投资是有效的。

其次，使用算法进行资产管理可以避免主观判断。

金融交易手续费是在每笔交易时产生的，比如，银行汇款手续费和换汇手续费等。WealthNavi是根据用户存入的资金收取手续费。用户的资金增加了，WealthNavi的收益就增加了。反之，用户的资金减少了，WealthNavi的收益也就减少了。WealthNavi与用户的盈亏方向是一致的。

在前面提到的25年投资模拟中，已经明确的是金融危机会周期性地出现。在金融危机时，WealthNavi管理的资产肯定会减少。但是如果使用按交易次数收取手续费的话，即使用户资金减少，WealthNavi也能保证收益。可是这样的话，用户与WealthNavi利益可能就相悖了。我不想造成这样的局面，所以，WealthNavi按用户的存入资金数额收取手续费。

资产管理流程自动化

WealthNavi实现了资产管理的流程自动化。

首先，用户在智能手机的WealthNavi应用程序中对年龄、年收入、资产管理的目的等五个问题进行回答。之后，WealthNavi应用程序会自动生成一份适合客户的资产管理计划。

预测经济未来趋势是WealthNavi提供的具有特色的服务。即使是在2008年1月（2008年国际金融危机的前八个月），WealthNavi也能预测资产今后会发生什么变化。

在进行长期资产投资时，人们最不想遇到的就是在金融危机来袭时发生的情况，比如，人们因为恐慌而将资产低价抛售。为避免这种情况发生，在进行资产管理时要使用自己闲置的资金。同时，人们也有必要理解"投资是伴随着风险的"。因此，WealthNavi在给用户制订投资计划时会提示用户最坏的结果，之后再对用户的资产进行管理。

金融模型是有局限性的，在模型中不会出现的问题，在现实的金融市场中是会发生的。2008年的国际金融危机就属于金融模型中不会发生的情况。我认为告诉用户这种尾部风险（在金融市场中出现了很少发生的、预料之外的暴涨、暴跌的风险）有可能发生也是十分重要的。

用户可以全年任何时间通过与WealthNavi合作的金融机构向WealthNavi转账。工作日晚8点前转账的话，交易会在当天夜间美国纽约证券股票交易所执行，次日早上用户就可以在投资组合中看到交易结果。用户随时可以以日元计价和美元计价两种方式查看资产状况。

此外，用户资产管理收益的再次投资、定期投资、资产再平衡、优化税金等WealthNavi都是自动进行。如何管理定期投资的风险，用户可以在股价上涨时，下调股票投资的优先级，优先购买债券和黄金等金融产品。

WealthNavi的资产管理算法

根据面向机构投资者和资产雄厚的个人投资者设计的资产管理算法，金融工程专家们为WealthNavi开发了资产管理算法。具体来说，WealthNavi资产管理算法以在1990年获得诺贝尔经济学奖的理论和B-L模型❶为基础，在该算法中不加入任何主观想法。

---

❶ B-L模型：一种资产配置模型。——译者注

下面简要介绍一下WealthNavi的算法原理。

在横轴表示风险、纵轴表示收益的坐标轴上分布着数百万个不同资产组合的数据，在风险相同的资产组合中选择收益率最高的进行投资。

年轻的投资者大多愿意承担更高的风险，将80%的资产购买股票，并开始进行长期投资。然后他们逐渐将资产从股票投资中减持，等到快退休的时候，股票投资占总资产的比例就像前面提到的挪威政府养老金那样减少到60%。

投资ETF的理由

WealthNavi将在美国上市的所有交易型开放式指数基金（EFT）输入公司的数据库，以"正确性、稳定性、高效性"为标准，选择最优投资对象。一般情况下受到关注的多是价格低廉的，但是，如果投资者仅以价格低廉为判断标准的话，投资的标的的质量就会降低。因此，WealthNavi在明确了"正确性"和"稳定性"的基础上，还会兼顾"高效性"。

我们将ETF纳入投资对象是因为ETF是投资信托，是我们直接在交易所购买的最具投资价值的基金。

比如，ETF中既包括苹果公司、字母表公司、脸谱网、亚马逊等大型公司的股票，也包括小型公司股票，共由3581只股票构成。我们选取了六七种这样的ETF，约向11000只股票进行投资。

ETF选择的是大型公司的、稳定的股票进行投资。在日本的投资信托中，80%投资信托的受托资金总额不超过100亿日元。而且，其中偿还的风险较高，不适合进行长期投资。我们选择的是总额在5万亿日元以上的大型稳定的ETF。这些ETF是信托管理者基于诺贝尔奖经济学得主的理论组建最优投资组合的基金。

即使WealthNavi遭受了损失，我们也不会让用户承担损失。因为WealthNavi运用相关技术将WealthNavi自身的风险与用户的资产进行分离。

我们在之前提到了，WealthNavi选取了六七种这样的ETF，约向50个国家的11000只股票进行投资，我们可以将其理解成是"在世界范围内进行分散投资"。

在前面，我们也提到了金融资产的收益率要比经济增长率高。像托马斯·皮凯蒂（Thomas Piketty）在《21世纪资本论》中提到的那样，从中长期来看，金融资产的收益率超过世界经济增长率是可以期待的。

但是，就像硬币有正反两面，收益的反面便是风险。从1992年到2017年的25年间的WealthNavi资产管理模拟中，金融危机肯定有发生，并导致资产减少。也正因为承担了这种风险，才能够追求中长期收益率超过世界经济增长率。

智能投顾的优势

任何一种金融模型都无法对股票行情和汇率行情做出全面的预测。实际情况与模型之间肯定会有一定的偏差，因此消除偏差变得十分重要。

具体来说，当某项金融资产出现大幅价格上涨时，会破坏投资组合的比例，因此，基金管理要出售一部分金融资产来平衡投资组合。相反，当资产价值大幅下跌时，应该追加购买。只有在最佳的时机以最佳的比例持有投资组合才是资产管理成功的关键。

然而，从统计数据来看，我们可以知道在美国和日本有大量的普通投资者是在进行"该卖出的时候买入，该买入的时候卖出"这样错误的投资行为。比如，持有的投资信托价格上涨的话，投资者可能会觉得还会继续上涨于是会继续买进。相反在投资信托价格下降的时候投资者会有担心价格继续缩水的不安心理，从而将其卖出。生活中超市里的肉类和蔬菜价格上涨时，人们会抑制购买行为，但是等到降价时便会大量购买。而到了购买金融商品时，投资者却在进行"高买低卖"的操作。

使用WealthNavi的智能投顾的优势有两个。

1. 风险与收益正相关

投资者将存款用于国际分散投资通过承担风险获得收益，投资者也可以通过自行购买投资信托和股票来获得收益。

2. 依靠技术获得附加收益

WealthNavi可以从数百万个投资模式中选出最优的投资组合，突破主观因素，通过算法自动进行资产再平衡。

人类不适合进行资产管理

假设A和B两个人在年初一起购买了投资信托产品。一月份，该投资信托的价格为10000日元，A在之后每个月投资100000日元。而B认为1万日元价格过高，进行了一段时间的观望。该投资信托的价格在4月下降到6500日元，于是B从5月开始每月购入15000日元。

结果是4月份最低值为6500日元，年底时价格涨到了11000日元。A和B两人在一年中共向该投资信托投资1200000日元。A和B谁的资产增加更多呢？

答案是A。我们只需要计算谁的平均购买价格更低就可以得出答案了。但是，大多数人不去计算，只是主观认为在价格低的时候购买就会比较合适。总结说来，人类的大脑是不适合进行资产管理的。

不过，也不能认为算法就比人脑更加聪明，因为算法是人类开发出来的。那么，为什么在进行资产管理时使用算法更加有利呢？因为算法不带有人类的情感偏见。人类在蒙受损失时，常常会为了弥补损失而铤而走险。但是，算法绝对不会这样。

AI带来的资产管理的变化

用一句话概括AI的本质就是"数据处理的自动化"。

在18世纪想要像王公贵族一样生活的话，收入必须是普通平民的500倍，因为他们要雇很多佣人。

　　然而现在不是这样了，因为工业革命使机械代替了人力。汽车、洗衣机、冰箱、空调等家电的出现使我们的生活比以前的王公贵族更加丰富。

　　AI的出现带来了与机械代替人力相同的影响力。那么资产管理的哪些方面会实现AI化呢？

　　首先，资产管理和投资建议两方面会被AI代替（见图7-6）。

　　金融资产的管理方式有两种，"积极型管理"（追求资产管理收益率高于市场平均水平）和"消极型管理"（将资产管理收益率维持在市场平均水平）。倾向于积极型管理的投资者会选择价格低廉、具有成长性的股票。WealthNavi等智能投顾倾

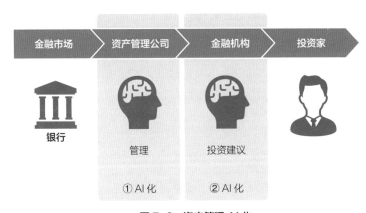

图 7-6　资产管理 AI 化

向于消极型管理。

积极型管理以使用AI利用市场偏差的套汇交易为收益来源，短期交易为主要形式。

消极型管理以"长期、定期、分散"为资产管理原则。在进行消极型管理时，经济增长率比金融资产的收益率高出的部分是收益来源。

在进行投资提案和建议时，AI会根据投资者的特征进行判断，向投资者提出投资建议。现阶段，仍处于AI从现有的投资模式中选择最优样式的阶段。将来会逐渐接近于投资者私人定制。

即使基金管理人是在"长期、定期、分散"的理念下进行资产管理，还是有因为资产缩水而做出卖出指令的可能。今后AI可能会在投资不该出售时进行投资意见反馈，并且会以单独建议的形式提供最优投资方案。

举例来说，私人银行会向受托资产、年龄、家庭成员构成、风险容忍度相同的用户提供完全相同的投资建议，但是也会根据用户的性格和行为，及时调整投资建议，比如，"当面和这位客户进行说明的话他会接受的""用邮件向那位客户介绍投资案例比较有效"。但是进行这种投资建议的话，每一个私人银行投资经理只能为20～30名客户提供。但是AI可以应对数万名客户，并且在合适的时机、以正确的传达方式、以最优的方法为每一个客户提供投资建议。

我认为今后在资产管理方面会越来越多地应用AI的领域。管理和提案被整合在一起实现AI化，最终个人和金融市场将会通过AI连接在一起。

资产管理的民主化

最后，总结一下我对于资产管理AI化带来的影响的看法。

关于资产管理AI化，人们通常认为有两点令人担忧。

一个是AI交易的扩大的话，波动性（资产价值的变动程度）会增大。在市场发生剧烈变动时，股票价格的变化程度也会增大，更容易出现股价暴涨或暴跌。

另一个是消极型资产管理AI增加的话，金融市场会丧失其价格发现功能，无法判断一家公司的股价是否过高或者过低。

上述情况的出现是必然的。但是从中长期来看这两个担忧又都是可以消除的。因为不同的资产管理基金的算法大部分是不同的。

比如，积极型资产管理AI可能会因为同种类型的算法，不同类型的AI会一同执行同种类型的交易，导致市场变动幅度增大。消极型资产管理AI在股价暴跌时，做出股价较低的判断从而不去买入，其结果就是错失这次的低价买入的机会。另外如果积极型资产管理AI获得很好的投资成绩，其他的AI也会进行模仿。所以，在下一次投资中选择相反的策略获得收益的AI也会山现。

如上所述，尽管AI不断发展，但是各种AI也会随之发展并相互竞争，从中长期角度来看市场会维持稳定。

接下来，我介绍下资产管理AI化的好处。关键点有两个。

一是"资产管理民主化"。以往仅仅给富人阶层提供的金融服务在今后将会普及。

二是"消除信息的不对称性"。以往只有知道特定信息和数据的人才能具有压倒性优势，随着AI的发展，专业性不高的投资者也可以像专业投资者那样进行资产管理。

WealthNavi为了能够服务更多的用户，将会一直致力于资产管理的AI化。❶

---

❶ 2019年10月，WealthNavi开始将AI应用于资产管理顾问服务。

Q1 ▶ 将贵公司的算法（官方主页白皮书）进行公开，您不担心被其他公司模仿而丧失竞争力吗？

　　柴山和久：我认为现在公开的算法本身并不是我们公司的竞争力的源泉所在。WealthNavi是"开发型金融机构"，也就是说"开发能力"才是我们的优势。"金融专家和优秀的工程师在一起不断开发优质的服务"的模式是其他公司无法模仿的。

Q2 ▶ WealthNavi有像养老金那样定额取款的服务吗？

　　柴山和久：还没有。我认为固定金额或固定比例取款的服务在未来将会成为必备服务。但是现阶段93%的客户是20～60岁的职场人士，所以我认为取款需求在未来才会出现。

第八章

FinTech
变革金融商务

冲田贵史

简介

冲田贵史
Takashi Okita

作为SBI 瑞波亚洲法人代表，运用区块链和
分布式账本技术（DLT）在日本乃至亚洲的
金融领域进行创新。同时作为SBI大学研究
生院经营管理研究系的特聘教授参与相关
领域的学术活动。曾任是VeriTrans公司❶的
合伙创始人兼首席执行官，现任WED股份
有限公司❷总裁。

---

❶ VeriTrans公司：最早在日本上市的网上支付公司，
向中型以上规模服务的2700多个日本电子商务商
家提供各种类型的支付模式。——译者注
❷ WED股份有限公司：日本一家科技公司。——译者注

互联网冲击金融行业

互联网商务的本质是什么？我认为是权利的转移（power shift）。

那么，FinTech的本质是什么？它是将互联网带来的力量转移到金融行业。

自互联网诞生以来，很多行业都发生了巨大的变化。制造业、物流业、娱乐业、媒体等，几乎所有人都会觉得自己从事的行业受到了互联网的影响。

那么金融行业发生了怎样的变化呢？在金融行业中诞生了网上银行和移动银行。但是反观日本的金融行业，其行业的根基部分在这20年间却没有发生任何变化。

进入互联网时代后，各行各业都更加重视客户，所以可以说互联网商务的真正赢家是终端用户。然而，金融机构特别是银行业的从业者们比起客户则更加在乎自己企业内部的相关问题和竞争对手的情况。由于银行是限制性行业，其自身对需要进行变革的危机意识比较薄弱。

但是，金融是由信息和数字组成的世界，是最容易实现数字化的，也就是说金融与互联网极具兼容性。因此利用FinTech将金融与互联网结合在一起，便会极大地加速二者融合。

其中一个很好的例证就是网上证券。现在已经有80%的个人投资者通过网上证券进行投资。

特别是金融行业的主体银行业今后将会直接受到互联网的冲击，其冲击力可想而知。

3位巨擘讲述FinTech的本质

美国大型投资银行摩根大通的首席执行官杰米·戴蒙（Jamie Dimon）在2015年给股东的致信中这样写道："硅谷势力正在逼近。"

以往，摩根大通的竞争对手主要是同为金融行业的公司，但是今后，金融公司将面临其他行业的竞争对手，杰米·戴蒙为股东们敲响了警钟。

此外，微软的创始人比尔·盖茨也提道："银行业是必需的，但银行不是。"对于用户来说，金融服务是必需的，但是提供服务的银行是可有可无的。

中国知名B2B电子商务公司的创始人表示："由于技术迅速融入金融行业，所以应该称之为科技金融（TechFin）而不是FinTech。"

这3位企业家的表达虽然各不相同，但是都表述了FinTech的本质。

瑞波提出价值互联网[1]

SBI瑞波亚洲是日本FinTech公司SBI集团与美国的FinTech公司瑞波公司共同成立的战略风险公司，该公司的业务覆盖了日本乃至亚洲。

瑞波公司是一家成立于2012年的公司。在纽约、旧金山、伦敦、悉尼、孟买和东京等城市设置了办事机构，在世界范围内开展业务。瑞波公司的终极目标是实现价值互联网（IOV，Internet of Value）。

互联网最初改变了信息世界，随后进入物质世界，实现了物联网。现在互联网进入了金融行业。

资金在账户间的转移不是一件简单的事情，而且，资金在账户间转移的过程中会出现消耗。但是，在互联网上进行的资金转移有更高的自由度，并且能够创造新的价值。实现价值

---

[1] 价值互联网：基于区块链协议，实现互联网价值，在买卖双方实现点对点的转移，从而省去了中间环节，提高效率。——译者注

互联网便是SBI瑞波亚洲的任务。

很多人认为瑞波公司是一家发行虚拟货币的公司，该公司发行的瑞波币市值仅次于比特币和以太坊，位列虚拟货币市值第3名。的确，瑞波公司持有的瑞波币占瑞波币市场总量的一半，但是，瑞波币不是由瑞波公司发行的，瑞波公司也没有控制瑞波币。瑞波公司只不过是瑞波币的最大持有者。

虚拟货币

比特币是区块链的起源。比特币是中本聪在2008年发表论文时提到的虚拟货币，并于2009年开始应用比特币。也就是说，比特币是在2008年国际金融危机之后首次亮相。

这一时期具有十分重要的意义，主要是比特币去中心化的性质对于金融市场具有重要意义。

在2008年金融危机中，全世界都饱受金融危机的困扰，随后，各国央行大量发行纸币。这一行为在维持世界经济平衡方面是有必要的。但是，也出现了反对的声音：是否应该大量发行纸币？是不是应该在明确的机制和规则下对纸币进行管理？

在比特币社区中，大多是持有第2种反对声音的人。因此，与以中央银行机制为基础的银行进行合作的瑞波公司在支持虚拟货币的集团当中经常被视作异端。但是，瑞波公司的目标仅仅是实现价值互联网。为了实现这一目标，瑞波公司与现在具有最大的潜在价值的银行合作。

区块链在G20峰会上引发热议

在金融行业中，比特币等虚拟货币本身会成为人们关注的焦点，然而最近几年，虚拟货币的基础技术区块链引起了人们的关注，如图8-1所示。实际上，在G20峰会这样的国际会议上，对于虚拟货币有赞同者，也有反对者。但是，毋庸置疑的是，区块链技术成为规则改变者在这一点上人们达成了共识。

区块链具有零停机时间（系统与服务不停止）、数据难以篡改、记录信息共享、便于管理、积极运用开放资源技术、交易成本低廉等优势。同时，具有信息处理耗时、信息吞吐量（单位时间内可处理的数据量）较低，所有交易信息公开等劣势，人们对隐私保护和安全问题表示担忧，这些都是需要解决的问题（见图8-2）。

区块链的起源

比特币

基础技术受到关注、应用流程

| 比特币 | | 加密货币 | 智能合约 |

| 比特币区块链 | | 区块链、分布式账本技术 |

图 8-1　区块链、分布式账本技术的发展历程

区块链的优势

- **零停机时间**
  区块链是分布式系统，持续运行，不停机。
- **难以篡改**
  数据难以篡改且不可逆性的特性。
- **共享、共同管理记录信息**
  更加容易共享"价值"和"权利"。
- **成本方面的优势**
  积极使用开放式资源。

区块链的问题

- **处理能力**
  数据处理比较耗费时间，吞吐量较低。
- **隐私、安全问题**
  所有交易信息都被公开。

闪电网络与分布式账本技术登场

图 8-2　区块链的优势与劣势

但是关于"信息处理比较耗费时间"，我想稍微做一些说明。在比特币交易中，一项交易被认定为处理完成要耗费1～2小时的时间。这是因为每隔10分钟1个比特币区块出现。

当然区块链具有处理数据能力低的劣势。为解决这一问题，已经有很多技术被开发出来，现在，区块链处理数据的能力相比以往有了改善。

此外，区块链具有所有参与者共享信息的特点。参与者在更新自己的节点的信息时，其他所有参与者的节点也会一并更新。

解决区块链问题的"跨账本协议"

区块链技术是一项十分优秀的技术，但是从银行A向银行B做结算交易的内容会被银行C、银行D等看到，有时这反倒引来不必要的麻烦。

为解决这一问题，人们开发了"跨账本协议"（Interledger Protocol）技术。利用这项技术每个区块的处理时间不足1秒，且处理能力无上限，交易信息只有交易双方可以共享，这一技术十分适用于金融交易。

"台账"是一个很难理解的词汇。银行账户、银行系统、企业的财务报表都可以称作是台账。一般要求交易在同一台账上进行。比如，阿里巴巴的支付系统支付宝的用户之间可以自由地进行转账，但是不能从阿里巴巴支付宝向腾讯的微信支付转账，因为两个公司的台账不一样。

跨账本协议被定义为"将台账连接在一起的协议"。换句话说，使用跨账本协议可以实现支付宝和微信支付之间的转账，也可以实现不同的虚拟货币间的交易。

瑞波公司将跨账本协议限定在国际汇款领域开展业务。现在银行的国际汇款业务已经落后于时代了，如果不实际汇款就不会知道到账时间，并且到账后才能确定汇款手续费金额等，这十分不方便。总之，银行的国际汇款业务存在大量问题，而为了解决这些问题使用跨账本协议。

使用跨账本协议可以解决区块链存在的很多问题。

我认为SBI集团正在运用跨账本协议解决各种各样的问题。

使用区块链解决问题

作为利用区块链技术解决问题的一个环节，SBI集团成立了"国内外汇率一体化企业联盟"。

人们的生活和社会因互联网技术创新而发生了巨大变

化，金融系统也被要求进行创新。

在前面也提到了关于国际汇款的现状，汇款到账要耗费几天时间，汇款手续费也是在到账后确定。不仅是国际汇款存在大量问题，国内汇款也是如此。日本仍然是现金支付社会，这也成了不便捷的金融体系存在的原因。

SBI集团成立企业联盟是为了解决现有金融体系中存在的各种问题，使真正高效率的支付、汇款成为可能。具体来讲，瑞波公司旨在开发实现国内外汇率一体化、24小时运行、削减汇款成本的汇款支付系统拓新市场。

解决这些问题的根本在于以瑞波的支付清算方案为基础的共识算法RC云。瑞波的支付清算方案应用了区块链技术（见图8-3），以实现金融系统的灵活、高效运转。使用区块链技

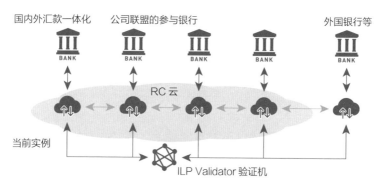

图8-3 瑞波支付清算方案

术可实现国内外汇率的一体化。

　　RC云代替日本全国银行系统，我们可以把它想象成铁轨，铁轨上要有列车，还要有停靠站。在RC云上相当于列车和车站的是无现金汇款软件"Money Tap"。住信SBI网上银行、骏河银行、理索纳银行这三家银行将商用化这款软件（截至2018年10月）。"Money Tap"可以实时汇款，与银行的应用程序接口连接，无停机时间，可以使用生物认证方式进行汇款，既让用户放心又能保障安全。只需在软件上点击几次按键就可以完成汇款，用户也可以使用手机号码和二维码进行汇款。

　　"Money Tap"这样的无现金汇款软件能够普及的话，人们就可以用智能手机支付午饭后的咖啡费用。这样的话，社会也会变得充满生机。

无现金发达国家瑞典的现状

　　世界上无现金化最为发达的国家是北欧的瑞典，我于2017年的11—12月在瑞典进行考察。

　　在瑞典，让我感到吃惊的是不仅商店里不收现金，连银行也不接受现金。在瑞典银行的大厅里赫然写着"不接受现金"字样。在瑞典的首都斯德哥尔摩，市内最大的银行SEB的16家支行中只有2家支行做现金业务，其他14家支行全都不接受现金。银行不做现金业务，那么银行职员做什么呢？他们做的是为个人资产管理和公司融资提供专业意见，也就是做所谓的"金融专业人士的工作"。

无现金化的优点是降低了手续费。所以，从无现金化中获得最大实惠的其实是用户。因为银行的手续费是很高的。

引领瑞典无现金化进程的是"Swish"，它是一款智能手机应用软件。这样的服务现在正在全世界扩展开来。"Swish"的原型是在2009年在美国开始使用的"Venmo❶"。现在这款软件在Paypal旗下实现快速发展，特别是在年轻人当中极受欢迎。中国的支付宝和微信支付也是备受欢迎的支付平台。在瑞典等北欧国家主要是由银行主导无现金化交易（见表8-1）。

---

❶ Venmo：小额支付款项的软件，让使用者可以更轻松的处理朋友间的金钱问题（如分账、出游支出等）。——译者注

表 8-1　各国银行主导的支付平台

国家	服务名称	导入时期	用户数量
瑞典	Swish	2012 年 12 月	600 万人（普及率 60%）
丹麦	MobilePay	2013 年 5 月	370 万人（普及率 65%）
挪威	Vipps	2015 年 5 月	260 万人（普及率 50%）
泰国	PromptPay	2017 年 1 月	2000 万人（普及率 30%）
美国	Zelle	2017 年 6 月	8600 万人（普及率 25%）
新加坡	PayNow	2017 年 7 月	100 万人（普及率 20%）

无现金化孕育出的新型商业模式

无现金化的优势除了降低手续费和提高便捷性以外，还创造了新型商业模式。

在中国，街道上有各种颜色的自行车，这些自行车都是供用户共享使用的。人们可以在地铁上租到共享充电器。租借共享雨伞是中国生活中常见的现象。其背景是阿里巴巴旗下的蚂蚁集团开发出的个人信用评级系统"芝麻信用"普及。共享经济发展的最主要原因是无现金化的普及。

在中国，共享经济大多是以无现金化为前提进行设计的。

当现金社会变为无现金社会，在新型商业模式面临的瓶颈也逐渐被突破。

成立证券企业联盟的目的

SBI瑞波亚洲也在2018年4月成立了证券企业联盟。

现在80%的股票交易是在网上进行的。用户为了能在网上进行股票交易，首先必须在证券公司的网站上注册账户。用户登录账户时需要输入ID和密码，以确认是用户本人操作。但是股票交易多是巨额交易，只用这种验证方式能够确保安全吗？

当用户在确认市场行情后，突然想要进行股票交易，如果这时候用户忘记了ID和密码就无法登录。这时用户要给证券公司打电话的话，又很难通过语音确认用户的身份。如果证券公司只在日后用信件的形式发给用户的话，等找回账号和密码也错过了最佳的股票交易时间。而且证券公司的客户中心是有时间限制时，繁忙时也很难打通电话。

证券企业联盟成立的目的是建立应用了分布式账本技术、生物验证和人工智能等前沿技术的证券新型基础设施，从而使用户避免遭受上述压力和损失。

证券新型基础设置需要整个金融行业进行共享，现在已经有35家公司加入我们的证券企业联盟当中，其中主要是证券公司。

在信用卡行业，SBI瑞波亚洲也成立了企业联盟，我们公司与各家公司一同进行演示实验。

答疑

Q1 ▶ 就我个人而言，在进行国际汇款时选择的汇款方式不仅限于银行，会选择最为便捷的汇款方式。请问瑞波公司提供的汇款服务只有银行才能使用吗？

冲田贵史：现在瑞波主要面向银行开展业务，实际上也和银行以外的其他汇款业务企业开展演示实验，这也已经在一部分媒体上发布了。

的确，瑞波公司的用户大多是银行，但是我们的技术不仅面向银行，也完全可以应对连接业务公司之间的台账。我们的业务安排是，首先在银行间开展业务，今后会逐渐扩大适用范围。

Q2 ▶ 日本无现金化难以推进的理由之一便是向信用卡支付的加盟店手续费高达3%~4%。瑞波公司是如何看待手续费问题的？

冲田贵史：正如您所说，我曾向商工会了解到使用信用卡面临着三重困难：信用卡加盟店手续费较高；信用卡的手续费比较高昂；到账时间长。然而在中国，消费者使用支付宝，店方只需打印收款码放在店里，消费者使用智能手机扫码就可以完成支付。既不需要终端，也不需要转账手续费。

因此，我们在设计新型支付设备时，避免出现考虑"每个终端的成本是多少"的情况。但是最终价格决定权控制在银行手中，这一点由银行来做判断。

Q3 ▶ 在开发支付设备时，贵公司与做高速数据传输服务的公司进行合作了吗？

冲田贵史：在缩短交易时间问题上，我公司的技术是足够应对的。

Q4 ▶ 瑞波币也和比特币一样需要人们进行挖矿（生成新的区块，将虚拟货币作为挖矿的报酬）获取吗？

冲田贵史：瑞波币不依靠人们挖矿来获取。任何参与者都可以生成节点（线与线的连接点，也表示网络的连接点、分叉点、中传点等），所有人可以参与解决一个问题，答对者获得挖矿权。这是比特币的挖矿机制。这个想法本身是完美的，但是实际上，比特币的挖矿权掌握在大型矿工公司手中。

　　而瑞波币的所有参与者都可以制造节点，确认交易由微软和麻省理工学院等公共认可度较高的团体设立专用的接点来进行处理。

Q5 ▶ 以成立企业联盟的形式推广以RC云为基础的新型网络，请问新型网络在技术层面会开放到何种程度呢？

　　冲田贵史：国内外汇款一体化企业联盟的成员都是银行，其基础技术都是开放型技术。所以，在日本，各个业务公司可以使用这项技术进行汇款，使用这项技术的国外公司也在增加。

Q6 ▶ 与向一个服务账号充值后再从中扣款相比，支付宝和微信支付等支付平台直接从银行账户借记，在便利性方面具有压倒性优势。这一点银行企业联盟很难实现吗？

冲田贵史：不是的。之前已经提到了，技术是开放的技术。银行并不是冥顽不化的，其商业模式也会朝着这个方向发展。

第九章

大数据和 AI 对 FinTech 的影响

森正弥

简介

森正弥
Masaya Mori

乐天股份有限公司执行董事、乐天技术研究所法人代表、乐天生命技术实验室所长（以上皆为2017年演讲时担任职务）。信息处理学会顾问委员会成员、企业信息化协会常任干事。大数据联合企业副委员长。过去曾历任经济产业省技术开发项目的评价委员、首席信息官培育委员会委员等职务。

1998年，森正弥入职埃森哲股份有限公司。2006年，森正弥入职乐天股份有限公司。森正弥任乐天股份有限公司执行董事兼乐天技术研究所法人代表，主管东京、纽约、波士顿、巴黎、新加坡6个城市的分公司，并参与AI数据科学家战略。2013年，被日经BP社信息技术专栏评为"让世界充满活力的100人"之一，被日经产业新闻评为"奇才40人"之一。著作有《大数据和管理》《网络大变化 力量转移的开始》等。

深度学习是AI的一个分支，实际上，深度学习是在20世纪60年代的论文中便存在的"古老"技术。2012年，人们发现深度学习具有巨大的潜力，它瞬间得到了人们的关注，这便引发了第3次AI浪潮。

实际上，深度学习具有全面颠覆现有业务流程的巨大力量，并且，有的组织已经利用深度学习技术转变了业务流程。

有人认为："今后如果不使用AI，人类就无法生存。"这种说法一点也不夸张的。我会在后文中进行解释。

我在解释理由之前，希望大家先记住的2个关键词。

1. 对抗生成网络

在图像识别、声音识别、机器翻译等各个领域中，深度学习的精确度实现了跨越式提升。比如，谷歌的子公司开发的"阿尔法狗"在2015年战胜了被称为"史上最强围棋棋手"的李世石。但是，"阿尔法狗"与它的升级更新版本"零版阿尔法狗"（AlphaGo Zero）进行了100次对局，"阿尔法狗"却一局也没取胜。由此看来，深度学习已经进化到了人类永远无法超越的地步。

要有数百万、数千万的数据来保证深度学习的发展。比如，食品加工厂中，人们想利用深度学习技术挑选出土豆中的次品，如果没有数百万、数千万张次品土豆的图像，人们这个想法就很难实现。所以一直有人主张：AI的应用范围是有局限性的。

然而，几年前推翻这种说法的技术问世了，这项技术就是对抗生成网络（GAN）。简单来说，对抗生成网络就是生产数据的AI，对抗生成网络可以提供深度学习所需的数据。由于对抗生成网络的精确度十分高，前面提到的食品加工厂由于数据不足而无法使用深度学习技术，对抗生成网络解决了这个问题。

2. 创造性 AI

AI给人的印象是在不断重复学习数据、发现数据。实际上，AI不是单纯的重复，它是具备特定领域的专业知识，而且可以创造具有经济价值内容的创造性AI。

在艺术领域出现了能够进行绘画、作曲、创作电影脚本的创造性AI。在新闻报道领域，《日本经济新闻》的AI记者发布了其写作的文章也引发了热议。

当今社会的观点是"没有数据的话，AI就无法工作""创造性是人类的专属"，而这些观点都被颠覆了。

乐天技术研究所

我主管的乐天技术研究所在东京、纽约、波士顿等九个城市设置了分公司，共有140名计算机科学研究员在该研究所工作，它是独立于乐天集团的科学技术领域的组织。

我们的原则是根据计算机科学研究员的问题、关注点和想法开发技术。我们以"不存在能够预测未来的公司和组织"这一事实为前提，以"依靠自己的力量开发颠覆性技术"为主题进行技术开发。

2016年5月，日本乐天股份有限公司开启了"无人机配送"业务。

乐天技术研究所研发了AI图像识别技术，凭借这项技术，乐天用户只需拍下商品的照片，便可以迅速知道照片中的商品信息是什么。

下面介绍一些关于这项图像识别技术有趣的故事。在深度学习备受关注的2012年，使用AI图像识别技术来识别时尚用品针织毛衣的识别准确率为97.7%，儿童95厘米的服装的识别准确率为99.4%，背包、小件首饰、女士手表的识别准确率为95.6%，AI图像识别准确率极高。

有人为了进一步提高图像识别准确率，事先统一数据格式，从数据中剔除干扰因素，反而降低了图像识别准确率。其原因是AI图像识别所应用的深度学习可以进行十分高难度的学习，它能够正确识别干扰因素。但是，人们有意地剔除干扰因素，提供完全正确的数据并不是现实状态，所以，AI图像识别准确率会下降。此前，通常认为AI80%的工作是数据的前期处理工作。

乐天技术研究所的另一项成果是机器翻译。它的机器翻译技术在电视剧翻译领域的精确度可以称得上是世界第一。人们能够在网上收看使用机器翻译技术进行翻译的外国电视节目、电影等，机器翻译可提供8种语言的字幕。

在全球扩展的乐天AI研究体系

2008年4月，乐天股份有限公司在硅谷成立乐天技术研究所，作为创造性AI的研究机构。

此外，乐天与新加坡科学技术厅共同开展培养AI人才的全球项目，与"AI研究第一人"——斯坦福大学的丹·朱拉夫斯基（Dan Jurafsky）教授和麻省理工学院的里贾纳·巴兹莱（Regina Barzilay）教授分别开展AI及自然语言处理的合作研究。

在日本筑波大学校内，乐天设立合作研究实验室，乐天的技术研究人员与30余名学生就"如何在现实世界中使用AI"这一主题开展研究。

2017年，乐天成立了乐天生命技术实验室，是将乐天技术研究所的各项AI技术应用于保险科技领域的科研组织。2018年5月，乐天成立"基因实验室"，开始使用AI进行基因数据的分析与研究。

乐天股份有限公司为什么会在AI领域倾注如此大的力量？因为乐天股份有限公司已经有了"公司不导入AI就无法生存"的意识。

"个性化"的用户需求

用户越来越个性化，其中我关注的点在"长尾现象"。

2001年，长尾现象被提出，这是关于用户行为数据分布的假说。日本庆应大学的井庭崇教授与乐天技术研究所对长尾现象进行合作研究，并在2008年使用数据对这一假说进行了验证。

比如，图9-1的纵轴表示商品的销售量，横轴表示商品的销售额排名。销量不好的商品像恐龙的尾巴一样向右侧延长，因此称之为长尾现象。由于横轴过长，我们通常认为没有人见过真正意义上的长尾现象图表。意大利经济学者维弗雷多·帕累托提出的"帕累托法则"广为人知，这一法则也被称为"二八法则"。在销售领域，常见的"二八法则"是指"销售总额的80%是由20%的商品产生的"。这一法则也适用于经济领域之外的诸多领域。

而长尾现象是一种新的统计学概念，在销售领域，常见的长尾现象是"向图表右侧延长的长尾加在一起可以占销售总额的90%"。那么，即使是畅销商品，其销售额也只不过是销售总

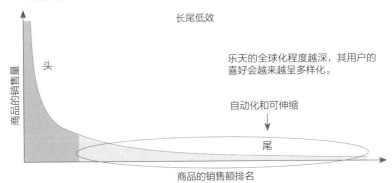

- 长尾现象在互联网中十分常见。
- 已经没有人知道哪种商品是畅销商品。
- 人力分析是有限度的。

图 9-1　长尾现象

额的百分之几而已。为增加销售总额，找出改变长尾部分的方法是必要的。但是这种观点与我们的直觉有相当大的偏差。

比如，有2张梵蒂冈的照片，这2张照片是在不同时期拍摄的罗马教皇选举时的场景。虽然这2张照片是在同一情况、同一地点拍摄的，但是如果按集团划分当时聚集的人群，二者是截然不同的。

在2005年拍摄的照片中，人们在公布人选结果的瞬间都是紧张的神情。在2013年拍摄的照片就不是这样的，虽然人们还在相同的位置等待公布结果，但是他们在拍摄要发在脸谱网、照片墙（Instagram）上的照片、在用连我和朋友聊天、在推特上发表感想、在油管网上传视频、在谷歌上搜索教皇选举。也就是说在2013年的选举会场，不管人们身在何处都与全世界的人们连接在一起。

长尾化的人类活动

行为科学高级研究中心的行为科学学会（CASBS，Center for Advanced Study in Behavioral Sciences）在第二次世界大战后每年都在斯坦福大学召开，主题是关于领导分析和组织分析。我参加了2012年的学会，但是学会被一种绝望的氛围包围着，原因是前一年发生了"占领华尔街"（Occupy Wall Street）运动。

2012年秋冬，在美国纽约的华尔街年轻人们大量聚集抗议1%的富人阶层垄断了世界的大部分财富，提出"我们是99%"这一口号，举行游行并在马路上静坐。

让行为科学高级研究中心感到绝望的是难以用以往的学术分析方法来解释发起"占领华尔街"运动的原因。而对于以往的任何组织，行为科学高级研究中心都可以从其意识形态、结构、体制、成员的任务分担、资金流向等背景来调查分析组织成立的原因，在一定程度上理解组织的行为。

但是"占领华尔街"的组织并非如此，参加运动的成员既不是以自我为中心的西欧各国的人，非正式雇佣的人的比例也不高，也不像是受到某种宗教影响。人种分布、正规与非正规的比例、宗教分布等各种数据都是世界标准值。

出现了这样的抗议组织，并且有组织地进行抗议活动，这让学者们产生了疑问：之前的组织分析方法到底有什么作用？最终，行为科学高级研究中心得出的结论是"互联网和智能手机的出现，打破了时间和空间的限制，任何人在任何地点都能与世界发生联系，全球与地区没有了差别""今后为了理解100万人规模的组织，要把握组织中每个人的数据，这才是理解组织行为的方法"。

说世界正在变得多样化，人们的行为正在变得长尾化。

市场中的长尾现象

在乐天市场[1]中，我们可以切实感受到的长尾现象。

乐天市场经营的商品约有2亿件，其中还有售卖真品铠甲的，1件铠甲的价格为200万~300万日元。人们通常会认为"这么贵的东西谁会买啊"，但实际上，在真品铠甲发售前的6个月就有大量的预约购买的订单。

日本和歌山县下辖的北山村的特产是蛇腹橘，虽然没有什么知名度，但是味道十分特别，然而销售人员却曾经拒绝在乐天出售蛇腹橘。不过，蛇腹橘的种植户却有十分高涨的热情，硬生生将橘子塞给乐天市场进行销售。随后，乐天立马收到了大量的订单，蛇腹橘成了"一橘难求"的热门产品。

此外，日本静冈县的红薯种植户销售的红薯干开始发售

---

[1] 乐天市场：乐天旗下电商平台。——译者注

后，1000袋甚至是1500袋红薯干仅在1分钟内就被抢购一空，红薯干也是一种热门产品。

我们可以从这些事例中获得一条十分重要的经验。以往在商品策划会议上，年轻职员可能会提案建议销售真品铠甲、蛇腹橘、红薯干，公司经营者很可能会反驳"谁会买这种东西""你是顾客的话你会买吗"，之后就不了了之了。但是，实际上，这些都是很快被销售一空的热门商品。换句话说，即使是销售真品铠甲，只要每个县有一个狂热的铠甲发烧友，那么，真品铠甲的销量就会不错 。这就是长尾现象，而互联网也正是这样的世界。

新型"信息的不对称性"现象

新型"信息的不对称性"现象的出现也是专家败给门外汉的原因之一。

"市场的价格由需求和供给决定。"这是亚当·斯密提出的古典经济学的基本原理。

然而在1900年之后，近代经济学理论登场，主张价格由需求和供给的交汇点决定，并且，近代经济学家对亚当·斯密的主张进行批判，其原因是信息的不对称性。

亚当·斯密的主张是以"买方和卖方拥有相同信息"为前提。实际上，卖方有更多的信息，无法避免逆向选择❶现象出现。一般认为好商品经常会被市场排除在外，为防止出现这样的情况，必须有公正的交易委员会这样的组织存在。

2000年以后，出现的是新型"信息的不对称性"，其假设前提是"买方比卖方掌握更多信息"。

比如，假设某人得了一种疑难杂症，这种病只有10万分之一的概率或者只有100万分之一的概率会得。这个人应该会直接向自己的朋友咨询或者在社交媒体上查询，又或者在互联网上查询。他会用各种手段去查相关信息，如果只能在国外的论文中找到相关信息，他还会使用互联网的翻译功能去弄清楚论文内容。

当这名患者来到医院和医生咨询病情时，他应该会认为关于这个病十有八九自己比医生更加清楚。这是理所当然的。医生每天要不断地接诊患者，自然不会为了10万人中只有1个或者100万人中只有1个人会得的病去花费大量时间查阅资料。再如，相机发烧友来到家电商场，他可能比商场的店员还要清

---

❶ 逆向选择：由于交易双方信息不对称和市场价格下跌，导致劣质品驱逐优质品。——译者注

楚相机的信息。自互联网问世以来，人们很容易查询到各种信息。因此，在商品买卖双方中，有时候花钱买东西的买方会收集更多信息，因此出现了"买方掌握大量信息"的逆转现象。

如果公司有100万个用户，且有100万件对于用户来说重要的事项存在。那么作为卖方的公司要如何应对这种情况呢？

我的结论就是：使用AI。

AI带来新型金融服务

AI可以带来什么样的服务？

在金融商务方面，金融机构可以使用AI为用户提供个性化服务，为每一个用户提供一对一的服务。有的用户喜欢和银行柜员直接交流，也有的用户喜欢和电脑进行交流，有的用户只想用智能手机接受服务，有的用户愿意使用电话接受服务，不同的用户有不同的期望。

还有的用户希望可以使用语音识别、文字识别、语音机器人等AI技术解决问题。同样的业务由人来做的话会增加成本，而使用AI的话不仅不会增加成本，反而会提升服务的效率。

如何使用AI实现人性化服务尤为重要。在100万件重大事项中肯定会有错误存在，人们可以使用AI进行检测。

以往的授信服务不太合理，比如，不向没有自有房产的人发放贷款。但是使用大数据的AI开展的授信审核之后，授信服务更加细致，能够满足客户的要求。比如，乐天生命保险在推进AI化，在人寿保险行业最先使用了机器人短信息聊天和视频聊天的业务渠道。有很多客户忘记了账户的密码，乐天将考虑在未来使用语音识别和人脸识别作为客户身份确认的方法。

在用户寄来的身份确认材料中，有的身份证件是伪造的，乐天技术研究所正在开发利用AI识别真伪的机制。

AI在市场中的应用

在市场方面，可以使用深度学习技术应用来发现潜在用户（见图9-2）。

乐天技术研究所致力于通过分析大数据来理解用户的消费行为，开发能够挖掘潜在用户的AI代理"乐天AI"（Rakuten AIris）。虽然乐天股份有限公司不在便利店中销售啤酒，但是

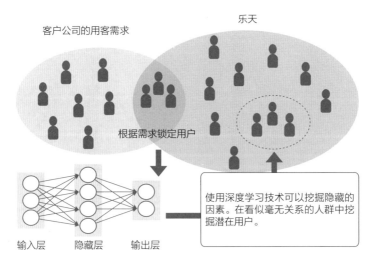

图 9-2　挖掘潜在用户

使用乐天AI可以精准发现"在便利店中购买啤酒的30多岁男性"。该AI代理应用了深度学习技术，将各个因素结合并进行运算，该AI代理给出的结果让人们匪夷所思，不知道为什么会选出这样的潜在用户。但是，使用乐天AI确实有了一定成效。

乐天AI也可以应用于互联网广告发布中，在实际应用中已经获得了高于行业标准的成果（见图9-3）。

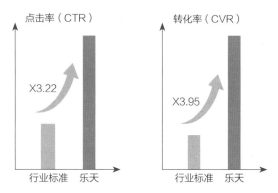

图 9-3　乐天 AI 在互联网广告发布中的应用成果

扩大的AI应用范围

AI在世界范围内不断发展壮大。中国的阿里巴巴开发了可以自动设计广告海报的AI系统——鲁班。AI会使用什么样的文字、排版、配色、背景来制作广告词？AI怎样制作广告海报？

乐天技术研究所现在与AI研究第一人——斯坦福大学的丹·朱拉夫斯基教授合作开发创意性AI。只需输入商品的规格明细，AI就能自动生成最优的商品说明书。在AI生成创意内容时，不仅需要用户提供商品信息，还需要大量的商品评价。在生成商品说明书时，用户的评价也会被加进去。用户使用何种方式阅读说明书，是使用电脑还是智能手机，或者是使用AI音响收听，乐天技术研究所会将这些考虑进技术开发中。

在金融行业，"发现不正当交易"也是一项重要内容，AI可以利用大数据发现不正当交易。

就像"当日开户"服务那样，为了简化申请流程我们利用能够识别伪造驾照和护照的AI技术，将用户提供的姓名、住址、名字、年龄、职业等信息与以往的信息进行比对，以发现不正当申请，并有AI识别不正当申请的模本。

还可以将AI应用在识别互联网的非法访问当中。AI分析出登录设备、登录时间，在检测出某些登录行为为非法登录时，立即对该账号进行封号处理。

此外，一些具备恶意的人会组成团伙采取行动，请看下面的案例。比如，在拍卖等C2C服务中，恶意团伙中的一个人出售一件商品，其他成员购买该商品，然后在网上评论说这是一件非常好的产品。店家的回复也很快，十分值得信赖。多次重复这样的操作，卖方的评价就会变好，接下来就会在某一个时机开始从事不正当活动。

AI可以按时间线来分析数据，卖方的评价直线上升后又突然没有了评价，AI会发现这种模式，从而及早避免不正当交易的出现。

AI挖掘优质用户

AI既能检测出不正当行为，又可以为公司发现优质用户。我们分析乐天股份有限公司的用户信息和行为，并做成信用评分（credibility scoring）数据库。还可以尝试将评分应用到融资时的授信评价等。

收集用户的检索记录、浏览商品的记录等信息，公司掌握了庞大的数据，将这些数据应用到AI当中就可以发现用户的潜在需求。

举一个有趣的例子——男士过膝薄料短裤。我们发现父亲节当天的用户检索行为与检索男士过膝薄料短裤的行为有明显的相关性。因此我们知道了"似乎男士过膝薄料短裤只有在父亲节这天才有人买"。

乐天以这些技术为基础，打造对所有资源进行整合的系统，预测了2亿件商品需求分布，使库存和价格的最优化成为可能。

这一系统具有较强的长尾性质，能够对小众商品的销售进行预测，比如，对每年能够卖掉30件或者40件的商品做出正确预测。此外，还能够对每一位用户的敏感性心理进行分析，比如"这位用户面对50日元的折扣没有反应，但是折扣为

100日元时他购买了商品"，价格设定的个别化也成为我们研究的对象。

乐天股份有限公司已经开始了对经济走势的预测。乐天股份有限公司在内阁府发布经济走势指数的前两个月发布了自己的预测，与内阁府只有0.4%的误差。这可以说是十分高的精确度。

AI做不到的事情

正如我们之前提到的，使用AI技术能让很多事情成为可能。但是，在研究AI的过程中，我们也不断发现了很多"只有人类才能够做的事情"。

2012年，偶像团体组合AKB48的CD预计销售额是AI无法预测出的。一般情况下，1个人只会买1张CD。当时AKB48的CD中装有能与偶像握手的握手票，所以，有的人就会购买多张CD。由于不知道每个人会买多少张票，因此AI无法准确预测CD销售量。

创造新型商品，提出新创意，这是AI无法做到的。"阿尔法狗"能够战胜人类棋手，但是它不能开发出比围棋更好玩的游戏。

也就是说，事先设定范围的话，AI可以使用其中的数据，可以对范围内的100万人进行逐一的分析理解。但是"如何设定范围"是人类的工作。

换句话说，今后的商业模式将是"人类思考机制，AI在这个机制下处理大数据"，我是这样理解的。

Q1 ▶ 人类给定范围，AI超越范围中的最优状态，也就所谓的"奇点"，今后会出现这样的情况吗？如果出现的话会是什么时候？

森正弥：思考"人类的创造性是什么"的时候，我发现厌倦是必然的结局。再怎么好玩的游戏，一直玩下去的话也会厌倦。而这也成了创造新事物的动机。同样的"恶心"也是如此。我认为如果无法弄清楚这两种感觉，计算机就无法和人类做相同的事情。

那么，计算机什么时候能够理解"厌倦"和"恶心"这两种情绪呢？2100年的时候应该能理解，不过以现在AI每天都在加快的进步速度，大概快一点的话2080年AI就能做到了。

Q2 ▶ 我能理解没有AI，公司就无法生存下去。那么，构建AI系统的工作交给谁呢？如果是委托给外部公司，那么该如何正确定义自家公司的业务呢？

森正弥：乐天技术研究所以"与业务的一线人员一起制订、执行研究计划"为原则。我们不认可研究员自己开展工作。我们与业务伙伴一同进行试验，可以使用第一手数据，并得出正确的结论。

但是，如果在公司内部没有AI研究所的话，就可以在明确主题之后，将研究工作交给外部的运营商。现在很多运营商企业、咨询公司都有自己的深度学习解决方案，所以，可以提供让用户满意的服务。

Q3 ▶ 计算机的硬件性能会影响AI研究的成果吗？

森正弥：有影响。因为深度学习技术需要有强大计算能力支持。简单来说，在相同理论下，数据量增加的话，精准度也会提高。实际上在图像识别中，图像从100万张变成1000万张的瞬间，精准度便大幅提高。接下来，AI靠数据量一决胜负。现在的竞争是10万亿张图像量级的竞争。所以，如果不是以图形处理器为主的超级计算机，是无法处理如此大量的信息的。顺便补充一下，脸谱网拥有价值数千亿日元的图形处理器超级计算机，可以用它来进行面部识别。但是日本公司没有这种规模的超级计算机，在人脸识别方面日本公司是无法胜过脸谱网的。

Q4 ▸ 乐天市场的销售人员曾经拒绝销售"蛇腹橘",但是最终却把它做成了热门商品。如果由AI来做判断,会判断出"蛇腹橘"能成为畅销商品吗?乐天市场会立刻采用AI给出的这个结果吗?

森正弥:在"好吃的水果"这个框架下,AI的预测精准度在不断提高,我们会采纳这个判断并且能够预测出销售量。但是,"蛇腹橘"属于新的种类,购买方式也是全新的,所以AI是无法判断的。

Q5 ▸ 在强化乐天鹰队❶时也会使用AI吗?

森正弥:现在各个球队都在使用AI分析其他球队的数据。但是现在的棒球规则规定,球员进入球场后就不可以使用智能手机,所以AI分析的效果十分有限。

Q6 ▸ 据说最近乐天技术研究所在中国大连和上海设立办事机构了,为什么不是在深圳或者大连呢?

森正弥:如果考虑到制造业和物联网的话,深圳或许是最佳选址,但是互联网相关的优秀人才都集中在上

---

❶ 乐天鹰队:日本职业棒球队,隶属于乐天。——译者注

海。拼多多、百度等大型互联网公司的科研工程师多数集中在上海，日本的互联网公司成立的海外办公地也大多在上海。

大连有很多会说日语的人才，比较适合进行面向日本市场的开发。